CHEVROLET
CORVETTE
スティング・レイ 1963-1967

トム・ファルコナー著
相原俊樹訳

〈カバー写真解説〉

表紙　　1963年型
扉　　　1963年型
中扉　　1965年型
目次　　1965年型
裏表紙　1967年型

カバーデザイン　Sur 小倉一夫

CHEVROLET
CORVETTE
スティング・レイ 1963-1967

Photography by James Mann
Edited by Mark Hughes
Japanese transration by Toshiki Aihara

妻のポリー、子供のオリビア、デージー、アレックに。

謝辞

コーヴェット・レストア・クラブ（National Corvette Restorers Society）、
メイソン・ディクソン支部のメンバー諸氏に感謝を申し上げる。
写真撮影のため車を貸し出してくださり、
貴重な時間を割いてくださった。
特に次の方々には名前を挙げて感謝申し上げる。
Gary Barnes, Dick Benton, Chuck Gongloff, Don Hyson,
Rudy Gonzalez, Ron Goralski, Steve Hafner, Udo Horn,
Irwin Kroiz, Steve Lesser, Mike Lienard, George McNab,
Dennis Moore, Butch Moxley, Fred Mullauer, Eric Thomas,
Bill Thompson, Chuck Walker, Mark Wilson, John Wright。
NCRSイギリス支部のTrevorRogersにも厚く御礼申し上げる。

ORIGINAL CHEVROLET CORVETTE
スティング・レイ 1963-1967

原題＝Original Corvette Sting Ray 1963-1967
2001年10月1日　発行
著者＝Tom Falconer
翻訳者＝相原俊樹
発行者＝渡邊隆男
発行所＝株式会社 二玄社
東京都千代田区神田神保町2-2 〒101-8419
営業部：東京都文京区本駒込6-2-1 〒113-0021
電話＝03-5395-0511
ISBN4-544-04074-4

This edition first published in 1998 by Bay View Books Ltd. under the title:
Original Corvette Sting Ray 1963-1967
© Tom Falconer, 1998

Published by MBI Publishing Company LLC, Galtier Plaza
380 Jackson Street, Suite 200, St. Paul, MN 55101-3885 USA

Corvette, Sting Ray, 'Vette and GM are registered trade marks of
General Motors Corporation

Printed in China

> Ⓡ《日本複写権センター委託出版物》
> 本書の全部または一部を無断で複写複製すること
> は、著作権法上での例外を除き、禁じられていま
> す。本書からの複写を希望される場合は、日本複
> 写権センター(03-3401-2382)にご連絡ください。

CONTENTS

序章	6
本文に先立って——コーヴェットの基礎知識	8

1963年 … 14
- ボディと外装 … 14
- シャシー … 22
- 内装 … 24
- 計器と操作系統、エンジン … 26
- 冷却系統 … 32
- 電気系統 … 33
- トランスミッション … 34
- ホイールとタイア … 35
- サスペンションとステアリング … 37
- オプション … 39
- ブレーキ … 40

1964年 … 42
- ボディと外装 … 45
- シャシー … 47
- 内装 … 48
- 計器と操作系統 … 50
- エンジン … 51
- 冷却系統、電気系統 … 52
- トランスミッション … 53
- ホイールとタイア … 54
- サスペンションとステアリング、ブレーキ … 55
- オプション … 55

1965年 … 56
- ボディと外装 … 56
- シャシー … 60
- 内装 … 60
- 計器と操作系統 … 65
- エンジン … 66
- 冷却系統、電気系統 … 73
- トランスミッション … 73
- ホイールとタイア … 74
- サスペンションとステアリング … 75
- オプション … 75
- ブレーキ … 76

1966年 … 78
- ボディと外装 … 78
- シャシー … 82
- 内装 … 83
- 計器と操作系統 … 83
- エンジン … 84
- 冷却系統、電気系統 … 86
- トランスミッション … 86
- ホイールとタイア … 87
- サスペンションとステアリング、ブレーキ … 88
- オプション … 88

1967年 … 89
- ボディと外装 … 89
- シャシー … 93
- 内装 … 93
- 計器と操作系統 … 94
- エンジン … 95
- 冷却系統、電気系統 … 102
- トランスミッション … 102
- ホイールとタイア … 102
- サスペンションとステアリング、ブレーキ … 103
- オプション … 102

1963年型クーペをレストアする … 104

参考文献一覧 … 112

ORIGINAL CORVETTE 1963-1967

序章

1970年4月、早春のよく晴れた日曜の朝のことである。レースは規模が小さいほど楽しめるというが、イングランド北東部ノーサンバーランド州の、最も奥深い荒れ野の中を縫うように走る公道で繰り広げられるヒルクライムはその最たるものだろう。ローマ時代の城壁の残るこの辺りは、あまりに辺鄙な場所ゆえ、天下の公道をレースのために勝手に閉鎖しているなどとは知る人もいない。

コースには地元ラリーカーの精鋭が集まっている。ストロークを延ばしたエンジンを載せ、超幅広ホイールを履くミニ・クーパー勢。旧ワークスエンジンを載せ、ロールケージを張りめぐらしたフォード・エスコート勢。金切り声をあげる高回転型OHCアルミ製エンジンのヒルマン・インプ勢。2ストローク3気筒のサーブもいる。もとは荷車を引いた馬が通るための、狭くて急勾配の泥でぬかるんだコースにはぴったりの車ばかりだ。

エンジンの回転をリミットに保ち、目まぐるしくギアチェンジを繰り返し、コーナーでは大きくテールスライドさせる。どの出場者も見事な操縦ぶりだ。ミニのドライバーは左足ブレーキ。右足はアクセルを床まで踏みこんだまま、猛然と車を横向きに振り出しタイトベンドをかすめ去っていく。エスコートは軽量、細身でしかもパワフル、最速だ。

観客のなかに、入念に磨き上げた1966年製のコーヴェット・スティング・レイでやって来たドライバーがいた。あなたも試してみないかと声をかけられると、ドライバーはヘルメットを借り、コンバーチブルからピクニックのランチやカメラを下ろしただけで、コースへと挑んでいった。350HPが濡れた路面でホイールを空転させるとポジトラクション・デフがロックする。1速のまま、一切ギアシフトなしで、ドライバーは大きなステアリングを忙しく回し、タイトコーナーを慎重なコース取りで回っていく。それでも短い直線ではロケットさながらの加速で丘を上る。軽くスロットルを踏んでいるだけなのに、コーヴェットは次から次へとスローコーナーを目指して爆走する。狭いコースの両側、草の茂った土手に軽くボディが触れ、リアホイールアーチのなかで泥の固まりが砕けてはじける。

フィニッシュラインで無線を手にしたコースマーシャルは、いかにも申し訳なさそうな面持ちだ。コーヴェットのドライバーに、どうやら計時を間違ったらしいと告げている。あろうことか時計はその日の最速タイムを示しているのだ。一方、計時係は計時ミスはないとはっきり断言した。しかしノーマルの重量級アメリカ車ではありえないと、ラリードライバーたちは納得しない。

トルクだけはたっぷりある古い大排気量V8を積んだ大柄な車は、コーナーで失った分を直線で取り戻せたのだろうか。真実を知るためコーヴェットは再度コースに挑み、実に10分の1秒短縮してみせた。計時係は正しかった。地元ドライバーが唖然とするなか、コーヴェットのドライバーは悠然とピクニックに戻っていった。

1年後のやはり晴れた日曜の朝、例の1966年製327-350がモーターウェイA696を、一路スコットランドの国境目指して足を早めていた時のことだ。イギリスのなかでも最も辺鄙なこの辺りは軍事演習によく使われる。おりしも前方からアメリカ陸軍の戦車輸送車とトラックの一団が姿を現した。徹夜の機動演習明けだというのに、連中はトラックの窓や戦車のハッチから身を乗り出して、手を振り、アメリカの偉大なスポーツカーに向かって声を限りに歓声を挙げた。最後のジープが通過するとき、晴れやかな笑顔を浮かべた助手席の兵士が声高く叫んだ。「コーヴェットは最高さ」と。

3番目のエピソードもやはり実話で、かく言う筆者自身の体験談を披露する。400km毎にエア抜きをしないと使い物にならないブレーキにほとほと嫌気がさし、1973年にヨーロッパを襲った経済不況の煽りをくって、天井知らずに高騰するガソリン価格に身も細る思いだった私は、何の気なしに地元のポルシェ・ディーラーを訪れた。そこには信じられないほど安値のついた中古の911が何台かあった。景気が悪くなると中古ポルシェは何にも増して値崩れが早い。しかし911ならブレーキも手間が掛からないだろう。1年間アメリカにいて帰ったばかりというセールスマンが話を切り出した。

「表に駐めてあるヴェットはお客さんの車ですか。ヴェットにお乗りなら911は気に入らないでしょう。あれと比べられる車なんてないですからね。たしかにこちらの景気はひどいですが、アメリカでは持ち直し始めています。お客さんの66年型はじきに高値がつきますよ」

その通りだった。以降、私はポルシェのセールスマンにはいい印象をもっている。

愛好家の多くにとって究極の"ミッドイヤー"がこの67年ビッグブロック427サイドパイプのコンバーチブルだ。

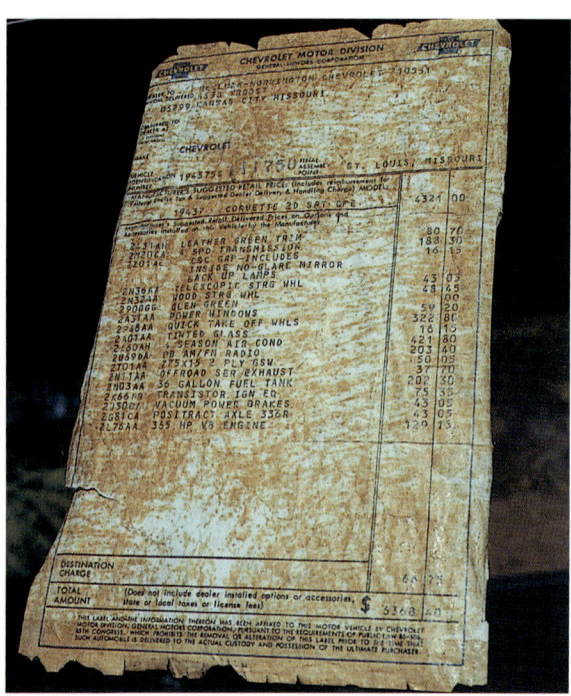

ウィンドーに貼られたステッカーには車の仕様とオプション、および価格が記してある。オリジナルは希少品だが、複製なら簡単に手に入る。

INTRODUCTION

　1919年、それまで性急な企業買収による拡大主義を採っていたゼネラルモータースは企業合理化の洗礼を受けた。新組織でのシボレーの階級は一番下になった。大衆市場のための安ブランドに他ならず、フォードのモデルTよりほんのわずか装備がよく、一回り大きなライバルに過ぎなかった。そのフォードに対し、GMは価格設定でどうしても敵わなかったのである。

　GMは市場の動きにアンテナを張り巡らせ、敏感に反応した。第2次世界大戦後、企業にとってうま味のある大量市場は、経済的な車からどんどん離れ、シボレーでいえばベルエアやインパラといった、パワフルで色彩豊かな大型モデルへと移行した。こうして安物というシボレーの50年代のイメージは次第に薄れていったのである。

　1953年のコーヴェット第1号車の誕生から始まる一連のストーリーは別の機会に譲るとして、ここでは歴史的経緯を手短にまとめてスティング・レイの背景を理解していただく一助にしようと思う。

　1953年頃のシボレーは、今で言えば大型建設機械のキャタピラー社ほどにも、スポーツカーと縁のないメーカーだった。ことスポーツカーに関して経験も定評もなく、ましてエンジン、トランスミッションもなかった。ディーラーもスポーツカーには全く不慣れで、そもそも西海岸ならともかく、アメリカ中央部でスポーツカーの市場が本当に存在するのかもあやふやだった。しかしシボレーには成功する資質が備わっていた。全米の町全てに1件ずつディーラーがあり、第一級の技術研究部門と製造部門を持ち、なにより非常によく知られたブランドだった。最良の人材と、プラスチックボディという新技術に資本投下したのは、彼らの先見の明だった。そしてこれが一番重要なのだが、1955年に生産が始まる新しいV8エンジンを開発するだけの資力があった。

　1955年、シボレーは設計を見直した1956年型を発表、製造を敢行し、最後に勝ちを収めるのである。1957年には燃料噴射と4速トランスミッションが続いた。同じエンジンとシャシーを用いながら、1958年モデルは一回り大きくなり、大型バンパー、4つ目ヘッドライトとけばけばしいグリルが備わった。1961年、クロームの量を減らし、4灯のテールライトを得る。スティング・レイ登場の前触れだ。1962年は排気量を327cu-in (5359cc) に拡大し、1963～67年モデルにはもう一つの特徴である長いアルミ製のセールがドア下に加わった。

　50年代終盤まで、利潤を得たとは言い難かったコーヴェットだったが、やがてシボレーに奇跡をもたらし、鈍重な"経済車"というレッテルを永遠にぬぐい去った。そればかりかフォードを敵に回しての年間販売量でも、ついにリードを奪うためのイメージリーダーの役を担ったのである。

Original Corvette 1963-1967

本文に先立って――コーヴェットの基礎知識

　コーヴェットは1953年以来、ゼネラルモータースの1ディビジョンであるシボレーが製造している。1962年にフルモデルチェンジした63年モデルからスティング・レイという名前が追加になり、67年モデルまで使われたが、68年モデルでは単にコーヴェットに戻った。69年にスティングレイ（中点がつかない、つまり1単語）の呼び名が復活したものの、77年からは使われなくなった。この頃までに63年から67年のモデルは"ミッドイヤー・コーヴェット"と呼ばれるようになった。97年に新しいコーヴェットを開発中だったシボレーは、当時これに5世代目のモデルということから、コーヴェット・ファイブを短縮してC5というコードネームを与えた。これにより、さかのぼって63年から67年モデルは、スティング・レイおよびミッドイヤーに加え、C2とも呼ばれるようになった。

　コーヴェットの生産累計は100万台を超え、生産型のボディは例外なくグラスファイバー強化プラスチック（FRP）製だ。

モデルイヤー

　モデルイヤーは常にカレンダーイヤーより3、4か月先行する。つまり1964モデルイヤーといえば63年9月から64年7月までを指す。これは夏休みとモデルの切り替えに必要な期間を勘案した措置である。新モデルは必ず見た目に新しくなるよう、毎年9月に細かな変更を導入する。

VIN

　車の素性を明らかにしてくれる、最も大切な数字がVIN（Vehicle Identification Number）だ。これは助手席側グラブボックス下のクロスバーに貼られたプレートに打刻してある。プレートの裏から打刻されるので、数字が浮き彫りになっている。1台の車に一生ついてまわる数字で、基本的な成り立ちと記録事項が示してある。プレートは1963年と64年はスポット溶接だったが、65年から67年まではリベット留めされている。

　1963年と64年のVINは12桁である。1964モデルイヤー最初のクーペには40837S100001という数字が打刻されているはずで、その意味は次のようになる。

4	1964モデルイヤー
0837	クーペ（コンバーチブルなら0867となる）
S	ミズーリ州セントルイス組み立て工場製
100001	シリアルナンバー

ミッドイヤー・コーヴェット・スティング・レイ。フロントビューの変遷を見る（このページの左上から）。63年クーペ、63年コンバーチブル、64年クーペ、65年クーペ。（右ページ左上）66年コンバーチブル、66年クーペ、67年コンバーチブル、67年クーペ。モデルイヤー毎にクーペとコンバーチブルの両方があった。

CORVETTE BASICS

VINから取ったシリアルナンバーがトランスミッションケーシング（上）とエンジン台座の左（下）に打刻してある。エンジン台座右にフリントが打刻したエンジンコードから、これは327(cu-in (5359cc) 300HPマニュアルトランスミッションつきのスモールブロックで、1965年4月13日ミシガン州フリントで組まれたと見てまず間違いない。

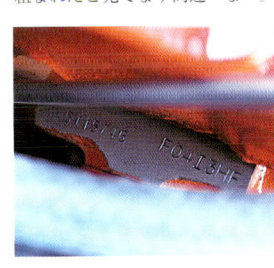

1964モデルイヤー最後の車には、122229のシリアルナンバーがついていた。22229番目に造られた車という意味で、本書では短く22229の車と表記する。

1965年から67年のVINは13桁に増え、GM内のディビジョンコード、車名、ボディ型式も示すようになった。1966年に造られた最初のクーペは194376S100001となり、それぞれの意味は次のようになる。

1	ゼネラルモータース、シボレー・ディビジョン
94	コーヴェット。2番目の数字が偶数なら（この場合なら4）、V8エンジンを示す
37	2ドアクーペ (67ならコンバーチブル)
6	モデルイヤー
S	ミズーリ州セントルイス組み立て工場製
100001	シリアルナンバ

1966年製造の最後の車には127720というシリアルナンバーがついている。27720番目に造られた車という意味で、本書では短く27720の車と表記する。

エンジンコード

"コーヴェット327スモールブロック"エンジンは、すべてミシガン州フリントで組まれた。エンジン組み立て中に、工場名、日付、簡単な仕様を示すコードが打刻される。1964年のL75 300HP 327ユニットを例に取ろう。エアコンつきマニュアルトランスミッション用で、1964年2月14日金曜日に組まれたとすると、F0214RQと打刻される。位置は右シリンダーヘッド前、ブロックコードを記したプレートの右側で、$^{3}/_{16}$in(4.7mm)高の活字で示される。

F	フリント・エンジン組み立て工場製
02	2月
14	1か月のうちの14番目の日
RQ	L75Eエンジン、エアコンディショナー用プーリーとフライホイールつき、フレックスプレートなし

エンジンコードの頭につく2文字については、各々の章で適宜リストにしてある。なおビッグブロックエンジンは全てニューヨーク州トナワンダで組まれたので、最初の"F"は"T"になる。

エンジンがセントルイスに納入されると、VINに由来する数字がプレートの左側に$^{5}/_{32}$in(4mm)高の活字で打たれる。まずモデルイヤーの最後の一桁、次がシリアルナンバーだ。例えば1964年最初のコーヴェットは、プレート左側

ORIGINAL CORVETTE 1963-1967

に4100001と打刻されているはずだ。4はモデルイヤー、100001はVINのなかの"S"（組み立て工場コード）の次にくる数字となる。65年からはモデルイヤーとシリアルナンバーの順が逆になった。

トリムプレート

VINプレートのとなりには、トリムプレートがリベット4個で留めてある。これにはボディの製造日、工場、オリジナルの内装色、ボディ色を始めとする膨大な情報がつまっている。

トリムプレート1行目は"CHEVROLET DIV. GENERAL MOTORS CORP."と記してある。2行目の"DETROIT, MICHIGAN"の左側の文字と数字は、ボディ製造の週を、また1964年以降の車では日付を示す。

1963年のコードでは製造月を示すのにAからLの文字を用いた。Aの62年9月から始まり、Lの63年8月で終わる。1から5までの数字は製造した週を示す。64年モデルイヤーも同じで、Aの63年9月から始まり、Kの64年7月で終わる。ただしこの後64年の章で紹介するように、なかにはA.O.スミス製のボディがあり、この場合はAが1月、終わりのGが7月である。ボディの製造日は、64年モデルから67年モデルまでに記された数字コードを見るとわかる。この日付は車両が完成した日の1日前が通例だが、ミシガン州にあるA.O.スミス製ボディでは、車が完成する2週間も前の場合もある。1965モデルイヤーではAが64年8月、Lが65年7月を示す。66年と67年もAが8月のパターンに変わりはないが、66年セントルイス製ボディだけは例外で、Aが9月である。

トリムプレートの次の行はSTYLEと記してあり、数字で製造年を示し、ボディ型式をVINと同じコードで、例えば0837というように示した。同じ行の右側BODYの欄はボディ製造者を示す。SはセントルイスAはA.O.スミスだ。次がボディ専用のシリアルナンバーである。64年と65年のAボディには製造年コードを省略している例もある。

次の行、TRIMの文字の後に内装コードが示される。STDとあれば内装は黒のビニールという具合だ。最後、PAINTの欄はボディ色コードで、この詳細については各章で適宜説明する。

リアビューの変遷を見る（このページの左上から）。63年クーペ、63年コンバーチブル、64年クーペ、65年クーペ。（右ページ左上）66年コンバーチブル、66年クーペ、67年コンバーチブル、67年クーペ。1967年までにコンバーチブルの販売台数はクーペより1対2の割合で上回った。

CORVETTE BASICS

サイドマウント・エグゾーストの65年フレームを見る。フレームを上下逆の状態で保管している間に、白ペイントでGMとA.O.スミス社のパーツナンバーがステンシルで記されている。クレヨンで書かれた日付1965年3月12日はこのフレームがストックから生産ラインに引き出された日を示す。

マッチングナンバー

この言葉はよく使われるが、間違った意味で使われる例も多い。少なくとも大方の愛好家にとって"マッチングナンバー"の車といえば、エンジン前部の打刻がオリジナルで、グラブボックス下のVINプレートが示す情報と一致していることを意味する。さらに厳密に言えば主要部品（特にフレーム）、また製造年が新しければトランスミッション、燃料噴射などについたVINに由来する数字が、ことごとくVINと一致していると確認できる車を意味する。これらの数字が全て正しいと確認できて、はじめて"オールマッチングナンバー"ないしは"フルマッチングナンバー"と呼べるのだ。つまり主要部品の製造年月日は、トリムプレートにある車両製造年月日より妥当な時間差をもって先行していないと矛盾することになる。

ミッドイヤー・コーヴェットの大多数はほぼ"フルマッチングナンバー"だ。オリジナルではない部品がついている可能性が最も高いのは、修理の際に再生品と交換するオルタネーターとウォーターポンプくらいだろう。

純正品と称して模造品をつかませる輩が後を絶たないのは悲しい事実だ。どんなエンジンであれ、本物らしく仕立て上げることなど連中にとっては朝飯前だ。もし1965年製396 425 L78ビッグブロックのコンロッドがシリンダーブロックを突き破ってしまうと、途方もない請求書をつきつけられる。それだけではない。エンジンを交換すると車の価値が半分に減ってしまうのだ。別のブロックのナンバーを削り落として再度打刻をし、オリジナルだと差し出すのは完全な違法行為だが、しごく手軽な作業である。こうした理由から、鋳造時に鋳こまれた浮き彫りの鋳造ナンバーは打刻ナンバーと同じく重要だ。鋳造ナンバーの偽物を造ることは不可能ではないにせよ、手が掛かるからだ。

パーツナンバーと鋳造ナンバー

本書は"オリジナル"と銘打っているので、メーカーのパーツナンバーはいきおい重要なテーマとなる。GMのパーツシステムはよく整備され系統立っている。パーツナンバーは車が設計段階にあるうちから、シボレーが一つ一つ割り当てていく。これらパーツナンバーは最初の1台が売られる前から、組み立てマニュアル（『Assembly Instruction Manual』）とパーツカタログ（『Chevrolet Parts and Illustration Catalogs』）に書き加えられていく。パーツの大半は

ORIGINAL CORVETTE 1963-1967

セントルイスに送られて組み込まれていくのだが、それとほぼ同量が整備修理のために、GMパーツ・ディビジョンを通して販売される。独立した1ディビジョンであるここは、パーツカタログを出版している。昔は本の体裁を採っていたが、今はマイクロフィッシュないしはディスクだ。

パーツは全GMで共通なため、個々のディビジョンごとのラベルやパッケージで区別されていない。あるパーツナンバーをどのディビジョンが用いているのかを見極めるには、価格表『GM Dealers Parts and Accessories Price Schedule』を参照するしかない。パーツメーカーやオリジナル装備品のメーカーが変わったり、製品そのものが改良を受けた場合には、パーツナンバーも併せて変更になる。

鋳鉄製パーツにもナンバーがあり、正しく箱詰めされていれば、梱包の箱でパーツナンバーはわかるが、パーツそのものにはマーキングはされない。だから鋳造ナンバーが大切になるのだ。鋳造ナンバーは一目瞭然だが、腐食によって識別しにくくなる弱みがある。またカタログや組み立てマニュアル記載のパーツナンバーと異なる場合もある。そんなとき鋳造年月日があると助かる。

パーツナンバーは古いパーツリストや、本書巻末の参考文献一覧表にも記載した組み立てマニュアル『Assembly Instruction Manual』を見ればわかるが、パーツ本体には書いていない。残念ながら1963年から67年用パーツリストに記載されているうち、今もGMから手に入れられるのは全体の5%以下と思われる。だからパーツナンバーは実用には大して役に立たない。

鋳造ナンバーはこれと比べればはるかに有用で、本書でも頻繁にこれに触れるようになる。鋳造ナンバーを見ればオリジナルなのか一目瞭然なのだ。1964年の300HPにオプションのL75シリンダーヘッドを例にとってみよう。これには3782461という数字がバルブチェストに鋳込まれている。このエンジンは1.94in(49.28mm)の吸入バルブを用いるが、同じブロックでも64年の365HPと375HPエンジンでは2.02in(51.31mm)の吸入バルブを用いるため、その径に合わせて機械加工したものもある。同一鋳造パーツに異なる機械加工を施した場合には、各々のパーツに専用のパーツナンバーを割り当てる。この2種あるヘッドは量産モデルのフルサイズ・シボレーとシェヴェルに積まれているから簡単に見つかる。ちなみに全てのスモールブロック・シリンダーヘッドは左右バンクで互換性があるが、エグゾーストマニフォールドを始めとして、右と左とでは互換性のない専用パーツも多数ある。

鋳造ナンバーはパーツナンバーではないが、両者とも奇数が左側用、偶数が右側用という共通の慣例を踏んでいる。このルールにはごく少数ながら例外があり、70年代のパワーウィンドーなどがよい例だ。コーヴェットは左ハンドル車だから、左側はドライバー側にあるパーツだ。左右ペアで使われないパーツには偶数、奇数ナンバーのどちらも割

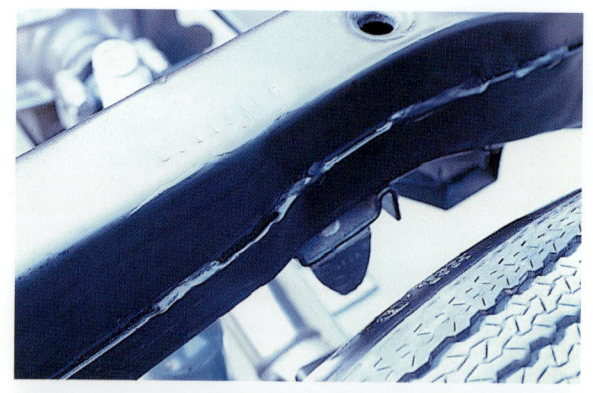

VINから取ったフレームナンバーが左フレームレール2箇所に打刻してある。ボディを降ろさないことには子細に点検できない。

スティング・レイには例外なくグラブボックス下のメンバーにボディプレートとVINプレートがついている。VINプレートは最初スポット溶接だったが、後にリベット留めになった。

この65年モデルが納車されたときにはオーナーズマニュアル、ラジオの取扱説明書、保証書、注意事項を記したラベルが完備していたはずだ。現在これら印刷物はどれも複製が造られている。

Corvette Basics

1963年モデルの計器クラスター背面に、ナンバーと日付が記されている。

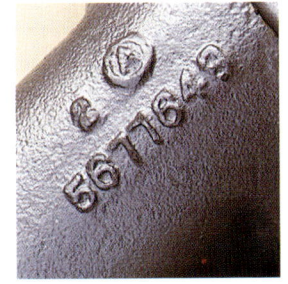

63年モデルのステアリングギアボックスに見るサギノー・ステアリング社のロゴと鋳造ナンバー。

1963年モデル鍛造クランクシャフト上の鋳造ナンバー(3782680)。1962・65年の327コーヴェットに用いられた。写真はバランス取りをしているところ。

り振られる可能性がある。パーツナンバーを偶数と奇数で区別するやり方は、中古部品を物色するときや、GMのパッケージに入ったパーツをチェックするときなどとても便利だ。アフターマーケット・パーツを扱う大手スペシャリストのなかには、全てのパーツを独自のコードに置き直している所があるが、そうした専門家ですら、この非常に理に適ったシステムを無視している。不幸にも90年代中盤になるとGM自身がこのシステムに混乱を来し、相当数のC4パーツが間違ったナンバリングなのが現状だ。

通常鋳造ナンバーの横につくのがデートコードだ。GMでは品質管理に利用した。たとえば鋳物に"す"が入っているのが見つかった場合、顧客の手に渡る前にそのロット全部を回収できた。シリンダーヘッド、マニフォールド、ブロックといった重い鋳物はフリント、トナワンダで鋳造した。コーヴェットはセントルイスで組まれたから、スモールブロックエンジンの鋳造、機械加工、組み立ては地理的に近いフリントで行った。

デートコードで製造年を示すのに、フリント製の鋳物は数字1桁を用いたのに対し、トナワンダは2桁だった。だから1964年フリントで造った鋳物には年コード"4"と入ったのに対し、トナワンダ製は"64"となった。年の前には月と日が入り、1月から12月まではアルファベットのAからLを用いた。だからデートコードD-12-4と鋳込まれたシリンダーヘッドは、64年4月12日フリントの鋳造となる。もしこのヘッドが64年3月製造のエンジンに載っているとすれば、間違いか、載せ換えたものと判断される。なぜならヘッドが造られてからエンジンに組まれるまでは、通常1週間から6か月の時間差があるからだ。デートコードは毎日当日の表示に直し、鋳造機械にネジで固定されたので、コードの両脇には表裏逆になったネジの陰影が見られる。普通スモールブロック・エンジンのデートコードはエンジンのリアフランジ頂部にあり、ビッグブロックでは右エグゾーストマニフォールド背後、エンジン側面にある。

トランスミッション・ケーシングや吸入マニフォールドを始めとするアルミ製パーツにも、鋳造ナンバーとデートが鋳込まれた。スティング・レイに搭載される高性能エンジンのマニフォールドは全アルミ製で、ほとんどウィンタース鋳物工場が製造した。オハイオ州カントンに本拠を置く同社の製品には"雪"のマークがつく。鋳造ナンバーは頂部にあるが、デートはマニフォールド下部にあり、装着すると見えなくなってしまう。さらにキャブレター下にリベット留めされた鉄製の泥除けが邪魔になる。

キャブレターなどパーツの多くはナンバーが打刻されており、オリジナルのパーツナンバーと一致する可能性が高い。ACデルコ製のディストリビューターにはアルミ製のバンドが巻いてあり、そこにパーツナンバーとデートが打刻されている。留め金のすぐ上、基部を取り巻くこのバンドは容易に手に入るから、他に信頼できる証拠がないかぎり、オリジナルであると証明する拠り所にはならない。

鋳造ナンバーも偽造可能なのは、残念ながら事実だ。コーヴェットを購入するなら本書だけではなく他の文献も当たるべきだろう。National Corvette Restorer Societyに相談するのも一つの手だが、なにより前オーナーを捜し出して話を聞くのが一番だ。

オプション

オプションリストは年を追うごとに厚くなっていき、1963年、GM会長のゴードン・ジョーンズをして「少なくとも紙の上では、全く同じ装備の車を2台と造らずに年間分の生産が可能だ」とまで言わしめた。実際、年間を通じて造られるコーヴェットの一台一台全てを異なる装備にしても、まだ28品目ものオプションが使い切れずに残ってしまう計算だった。ピークの1969年には色見本を含めずに、オプションリストは40アイテムに達した。

装備品の大半をオプション扱いにしたため、シボレーは基本価格を低く設定できた。38ドルほど値引きしてもらえば、"素"の63年3速コンバーチブルは4000ドルを切るという破格値だった。しかしここで顧客は魅力的なオプションリストに目を奪われる。ディーラーで仕様をあれこれ相談して、必要なアイテムを組み込んでいくうちに、車の価格は5000ドル以上に跳ね上がってしまうのだ。オプションをどう選ぶかで"キャラクター"が決まってしまうだけに、購入の重要な基準となる。どの製造年であれ、同一仕様の車は他には1台もないと考えてよいだろう。

コーヴェットのオプションはかつてRPO (Regular Production Option)か、あるいはLPO (Limited Production Option)の頭文字がついていた。電動トップ(RPO 473)、24ガロン(90ℓ)燃料タンク(LPO 1625)といった具合に。1963年までにオプションは全てアルファベット1文字と2桁の数字からなるRPOコードに統一された。例えばN03(36ガロン、すなわち136ℓの燃料タンク)やL88(67年モデルの430 HP 427エンジン)、といった具合だ。ただし67年の赤いラインの入ったタイヤはQB1など、例外はある。煩雑さを避けるためRPOの頭文字を省略し、各アイテムは単にオプションと呼ぶのが通例だ。

ORIGINAL CORVETTE 1963-1967

1963年

全てが新しい1963年モデルのコーヴェットが発表されたのは、62年9月26日だった。シボレーが放ったこの新型スポーツカーは、同社の歴史を変える車だった。

スティング・レイのスタイルは、同社スタイリング部ヘッドであるビル・ミッチェルが描いたスティング・レイ・レーサーから生まれた。なんとしてもコーヴェット・スペシャルをレースに出したいと考えていたミッチェルは、シボレーから"ミュール"のシャシーを買い取り、これをベースに自らコンペティションカーの製作に着手した。"ミュール"は1957年のセブリング12時間に短時間姿を現したものの、計画半ばにして開発が中止された、SSレーシングカー2台のうちの1台である。ラリー・シノダがミッチェルとともに共同で設計し、GMは非公式ながら援助を与えた。二人はこの車に"赤エイ"を意味する"スティング・レイ"という名前をつけた。緒戦は1959年4月、メリーランド州マールボローで行われたレースで、そのまま勢いに乗り、60年SCCAナショナルチャンピオンシップでクラスウィナーに輝いた。

"スティング・レイ"のデザインは、航空機の翼に似た断面形状だったため空力的な欠陥があり、190km/hを超えると明らかにノーズが浮き上がった。しかし当時、自動車における空力はほとんど未開拓の分野であり、そのデザインは巧みに生産車に活かされた。

1962年9月の新型コーヴェット登場に先立つ一年半前、61年3月には革命的なジャガーXKEが登場していた。雑誌や写真で知られてはいたものの、現車を目にする機会はほとんどなかった。生産量が少なく、販売網が限られていたからだ。これに対し、シボレーの販売店はアメリカ中のいたるところに存在し、だれでもコーヴェットを見ることができた。新型コーヴェットは一大センセーションを巻き起こした。

ボディと外装

当時の記録によれば、新しいスティング・レイは最初からクーペとしてデザインされた。そしてデザインチームは"エアロ・クーペ"の純粋なフォルムが気に入っており、見事な出来映えのクーペをコンバーチブルにすることにためらいがあった。前述したように、ベースとなったミッチェルのスティング・レイ・レーサーはオープンボディであったが、カーブしたフロントウィンドーから後方に延びる涙滴形の曲面によって、そのデザインは完結していた。こうしたコンセプトから生産型のデザインが造られていった。攻撃的な一対のリアウィンドーが、ルーフ上の2つの曲面を強調していた。これは当時の戦闘機から借用したイメージだ。2つの旗を交差させた絵柄のガソリンリッドが、このイメージを象徴する。後方から見たコーヴェットは未来的な形だった。

ルーフ前端部から始まる、大胆な"風を切る"キャラクターラインは、すっぱりと左右に分かれたリアウィンドー分割線のアクセントとなり、クーペのルーフが収束するVの谷間で終結する、動かしようのないデザインだ。リアウィンドーの長さはもう少し長くできたかもしれないが、そう

1962年9月26日新型シボレー・コーヴェット・スティング・レイが発表になった。新型のスタイルは未来指向だった。63年モデルはロッカートリムが最も輝いていた。Aピラーにはコンバーチブルと同様なメッキモールが貼ってあり、ボディカラーのリバーサイド・レッドによく映えている。ノックオフホイールはシーズン中盤まで手に入らなかったが、それ以降はディーラーで買えるようになった。写真は初期の2枚羽でめずらしい。

寸法／重量	
全長	4447.5mm
全幅	1767.8mm
全高	
スポートクーペ	1259.8mm
コンバーチブル	264.9mm
ホイールベース	2489.2mm
トレッド	
フロント	1428.8mm
リア	1447.8mm
車重	
スポートクーペ	1367.6kg
コンバーチブル	1377.6kg

1963

するとリアの攻撃性がいくばくか失われてしまっただろう。ハッチバックという提案もあったが、採用されずに終わった。本当の理由はコストの上昇にあったと思われるが、もし採用されれば、開口部のラインがリアの形状を台無しにしたはずだし、雨漏りやきしみ音の問題も出たはずだ。ハッチバックを断念したことでボディは素晴らしい剛性を授かり、オーナーは天気を気にせずにすむことになった。

　4座のコーヴェットが検討された事実も当時の記録にはっきりと記されており、実際にモックアップまで造られた。10in(254mm)長いフレームとボディに、延長したドアとリアフェンダーを組み合わせて後席を据えた。しかし結局はこのアイディアも日の目を見なかった。1955年にフォードはすでにサンダーバードの4座を造ってひどい目にあっていたし、ジャガー・Eタイプの完璧なスタイルも、後年2+2モデルを造るために妥協を余儀なくされた。一方コーヴェットは一貫して2座しか造らず、独自のスタイルを明確にした。

　フロントウィンドーから始まり、テールやリアフェンダーにいたるクーペのルーフパネルは、グラスファイバー製の単一パーツだ。2分割のリアウィンドー開口部周辺の内側には、補強パネルが接着剤で貼ってある。このパネルと頑丈な"バードケージ"とが接着され、これらにアンダーボ

デザイナーのビル・ミッチェルは深海魚のイメージを演出するのにいたくご執心だった。ルーフからリアウィンドーにいたる風を切るキャラクターラインはエイの背骨を思い出させる。デザインベースとなったスティング・レイ・レーサーと比べると生産型は前後輪の間がはっきりと絞り込まれている。涙滴型ファストバックのおかげで室内には広いラゲッジスペースが生まれた。ハッチバックにしなかったのは正しい判断だった。きしみ音や雨漏りは避けられなかったはずだからだ。

ORIGINAL CORVETTE 1963-1967

前モデルよりクロームトリムが増えたせいで63年モデルは繊細なたたずまいをみせる。時代の変化に対応するのも容易だったはずだ。スティング・レイ初登場の年、ホワイトリボンタイアは最も人気のあるオプションだった。

ディが同じく接着剤を用いて合体されると、非常に強固なボディ構造ができ上がり、極めて良好な捩じり剛性がもたらされた。

ルーフに大きく回り込んだドアの開口部も、やはり航空機からヒントを得ている。このおかげで乗降が楽になった。ところがドアの上部が、ヒンジから遠く離れた位置にあるため、高速走行時にはドア全体が外側に引っ張られ、過大な風切り音と、車内から空気が吸い出されるという不具合が生じた。この問題を緩和するため、ルーフとドア頂部内側との間に、もう一つストライカーを追加している愛好家もいる。

コーヴェット・レストアの大御所であるノーランド・アダムズは、ルーフパネルについて、もう一つ別の問題を明らかにしている。そもそもパネルの成形型を製造する段階で間違いがあったという。完成したルーフパネルは丈が短く、ドア後方フェンダーとの接合部に隙間が開いてしまったのだ。"バードケージ"を組もうとしたところ、およそ1.3cm丈が高いことで問題が露呈した。もう手遅れだったため、"バードケージ"の丈をその分短くしてルーフパネルを

接合すると、今度はドアの頭が飛び出してしまった。ドアにはスチールのフレームが組んであるので、内側に叩いて折り曲げることで辻褄を合わせた。この修正作業は組み立てライン上で行われたほか、塗装前の仕上げ磨きとパテ盛りの段階でも行われた。この問題は型を作り直すなど根本的な解決を成されないまま生産終了まで続いた。

ボディは左右それぞれ4箇所でフレームにボルト留めされていた。一番前がドアヒンジピラー基部、2番目がサイドシル・ステッププレート下、3番目が後輪前の点検カバ

カラー

コード	ボディ	数量	ホイール	室内色コーディネーション
900	Tuxedo Black	–	Black	Black, Red, Saddle
912	Silver Blue	–	Black, Silver Blue	Black, Dark Blue
916	Daytona Blue	3475	Black, Blue	Dark Blue, Red, Saddle
923	Riverside Red	4612	Black, Red	Black, Red, Saddle
932	Saddle Tan	–	Black, Saddle	Black, Red, Saddle
936	Ermine White	–	Black	Black, Dark Blue, Red, Saddle
941	Sebring Silver	3516	Black, Silver	Black, Dark Blue, Red, Saddle

コンバーチブルの幌の色はブラック、ホワイト、ベージュから選べた。

1963

コーヴェットはオプション次第でワイルドにもマイルドにも仕上がる。写真のシルバーブルーの250HPは2速ATつき。理想的なパーソナルカーだ。

Original Corvette 1963-67

コンバーチブルはコーヴェットの優れた特徴を引き継いだ。幌は完全に収納でき、立てるのもごく簡単だった。スタイリストは最初コンバーチブルを造るのに難色を示したが、シボレーはこれが売れ筋であると見抜いていた。余談だがGMはクレイモデルを採用した最初のメーカーで、これがために実車を斜め後方からみたスタイルには非の打ち所がない。

1963

屋根にまで回り込んだドアオープニングには航空機の趣がある。ただし高速走行時にはここから空気が吸い出される大きな音がした。

ビル・ミッチェルが生み出し、チャンピオンに輝いたスティング・レイ・レーサーからそのまま頂いたダミーグリル。コーヴェットのフロントエンブレムはシボレーのボータイ、チェッカーフラッグ、そしてフランス王家伝来の白百合の紋章を組み合わせたもの。ちなみに白百合の紋章はその昔、男らしさの象徴だった。

燃料噴射エンジンは360HPを発生したが、当初、側面の通風口はダミーだった。磨き上げたバンパーにテールライトが映り込む手の込んだデザインは、60年代におけるGMスタイリング部門のお家芸だった。

Original Corvette 1963–1967

一奥、最後が後輪裏側、キャビンの後部隅だ。クーペではこのほか、ボディ中央部とデフ直前に一対のブラケットとフレキシブルマウントが追加された。

当時はモノコックが登場する以前であり、フロント・バルクヘッドより前のボディは、キャビンとは独立した構造物として扱う、というのがGM流だった。フロント・アッパーパネルとロワーフェンダーはバルクヘッドに接着剤で固定されるが、これ以外はフロントのインナー・フェンダーが支持を担うだけで、インナー・フェンダーはシムを挟んでラジエターを支持するブラケットにボルトで固定された。そのラジエター支持ブラケットは、やはりシムを挟んでフレームにボルト留めされる。この方法には、衝突時ボディが損傷した際、修理が楽という大きなメリットがあった。衝突して潰れるのは概してフロントであり、ボディパネルは大抵バルクヘッドを固定している接着剤を剥がすので、キャビンは無傷ですむというわけだ。

エンジニアはスティング・レイ・レーサーのような、2面の輝くパネルから成るボンネットを、ボディにピッタリと密着させようと考えていた。それは1963モデルイヤーの推移を見れば明らかだ。この年、当初ボンネットに白いナイロンブロックが4個備わっており、これがインナー・フェンダー上面に固定された金属製の強化部品へ入り込む構造になっていた。その後、まずクーペのブロック数が2個に減り、コンバーチブルも2個になり、この年式の最後月の生産分では廃止されてしまった。63年途中までに製造された車にはこのブロックが備わっているから、繊細なオーナーも安心してドスンと重厚な音とともにボンネットを閉じることができる。一方、それ以降のスティング・レイは、ボンネットを閉じると独特の安っぽい金属音がする。

メインボディはフレームに7/16 in(11.1mm)ボルト8個とシムを用いて固定する。ボディと"バードケージ"はGM自製だったので、寸法的な整合性には問題はなかった。一方プレス鋼板を溶接で組み立てるシャシーは外注だったので、ライン上でゲージを使ってチェックしなければならなかった。これで寸法の微調整に必要なシムの枚数を判断した。各々のマウント部にクレヨンで書かれたマーキングを見て、ライン上のボディ接合作業者は、ボディを変形させずに固定するのに必要なシムの枚数を知るのである。

スタイリング部門はクーペを気に入っていたかもしれないが、シボレーはコンバーチブルも必要だと判断していた。過去10年を振り返っても、ほとんどの年でオープンの方が多く売れており、売れ筋のモデルをカタログから落とすつもりなどなかった。はたしてコンバーチブルは、2年のうちに販売台数1対2の割合でクーペを上回り、販売戦略は見事に功を奏した。

コンバーチブルは、トップを上げた姿、トップを降ろした姿、そしてハードトップ姿の3つの形態で美しくなければ成功したとは言えない。スティング・レイのソフトトッ

プは、ヒンジで開閉するカウンターバランスがついたリアデッキリッド下に、綺麗に収納された。これは1953年のモトラマ・コーヴェット以来の伝統だ。モトラマとは、GMが50年代にアメリカ全土を巡回したモーターショーで、新車のみならずコンセプトカーも展示した。

電動トップは人気が下降したため、1956年以降、廃止になった。ソフトトップは小振りだったので、上げるも降ろすも手でやったほうが早かったのだ。クーペに比べるとコンバーチブルは剛性の高い車とはいえず、各部から音が出たり振動したものの、ヨーロッパ製の小型車によくあるスカットルシェイクとは無縁だった。そうはいっても、ドア後部下のジャッキアップ・ポイントで車を持ち上げて、ドアの隙間をみると、剛性の低いことが一目瞭然ではあったが。

オプションコードC07のハードトップを装着すると、スティング・レイの外観はソフトになり、攻撃性が薄れ、微妙に変化した。ハードトップはFRP製で透明プラスチック製のウィンドーがついた。ごく初期の製品では、ウィンドーがフレームから外れるという問題があったが、ウィンド

左右に2分割されたリアウィンドーをゾーラ・アーカス・ダントフはひどく嫌っていた。事実、室内ミラーに映る後方視界の妨げになったため、1年だけで取りやめになった。しかしコーヴェットの特徴となったことは間違いない。

1963

基部の長いエレガントなミラー（写真左）はフルサイズ用を失敬したもの。ただし盛り上がったリアフェンダー越しに後方視界を確保するには寸足らずだった。63年後期ミラー（右）は丈が高く実用になった。先代のストレートアクスル用によく似たデザインだ。

新品も手に入るが、フィラーキャップはオリジナルの方が望ましい。63年初期型はスプリングキャッチがついたが、後期型はシンプルだが安っぽいデザインになってしまった。

63年モデルに限って、ボンネットの仕切り線をボディにぴたりと合わせるべく、様々な組み合わせのキャッチが試行錯誤的に採用された。

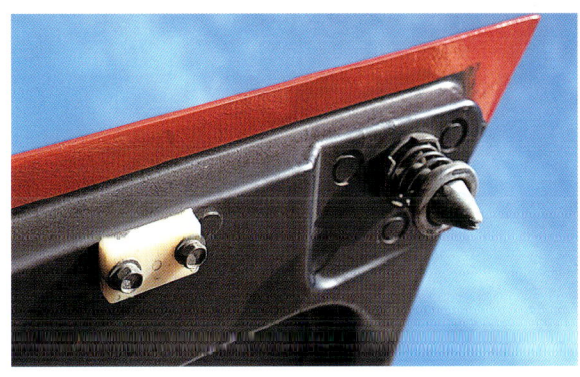

1963年と64年初期型のドアハンドル。グラスファイバー製ドアの一段盛り上がった部分に取りつけられる。

ーを小型ブラケットによってボルト留めすることで解決された。ブラケットの位置は、初めはウィンドーの上端中央だったが、後に下端中央に移った。ハードトップは、コンバーチブルと同じウィンドーフレーム上側のラッチをソフトトップと供用したが、後部のマウントポイントは、ハードトップの方がソフトトップより大きいため、ずっと後方にあった。弓状のリアウィンドーフレーム下端に仕込まれた細長い金属製のピンによって、ボディ側の専用の穴へと位置決めする。これに加えて、トランクリッド前端の左右コーナー部にもブラケットが設けられた。ハードトップを装着したままでも、前端左右のラッチ2つとリッド上のラッチ1つを外せば、トランクリッドを開閉できたわけだ。ただし長いステーを持っており、風がない日という条件つきだったが。新車を購入するときに、ソフトトップの代わりにハードトップを注文しても追加料金は必要なかった。ただしソフトトップ専用のラッチはリッドにはつかなかった。ハードトップの内装色と外装色は必ずボディカラーと一致していた。

Original Corvette 1963-1967

バンパーは見た目より頑丈だ。1/4 in (6.36mm) 厚のブラケットによって、直接フレームに固定された。リアバンパーは、後輪がはね上げた泥が固着して、内側から腐食しやすい。また洗車をおこたると排ガス中の酸性物質も腐食の原因になった。

シリアルナンバー11000前後まで、コーヴェットのドアミラーは1963年の乗用車用を流用していた。基部が流線型のこのミラーはアームが短すぎるため、盛り上がったリアフェンダーが邪魔になり、充分な後方視界が得られなかった。その後アームの長いミラーに代わった。これは先代の"ストレートアクスル"モデルに使われたものに似ていたが、ミラー背面、中心点より下にあるピボットボールによってマウントされる点と、シボレーの"蝶ネクタイ"のマークが刻印されている点が異なる。ところで"ストレートアクスル"とは、1953年から62年のコーヴェットについたニックネームで、非独立式のリアサスペンションに由来している。

シャシー

1953～62年モデルに使われた"X"フレームに代わって、1963年にはラダーフレームが採用された。新型フレームは

刷新された室内はかつてなく広々としており快適だった。コンバーチブルには1958年からシートベルトが標準で備わった。アメリカ製量産車では最初の例だ。

標準のインテリアは黒のビニール張りだったが、他の色も選べた。一方革張りは"サドル(鞍)"一色のみだった。

1963

赤の室内トリムはシルバー・ブルーを除く63年に用意されたボディカラー全てと組み合わせることができた。シート下の小物入れ（右）は重宝だったが、63年初期型にしか備わらない。

63年モデルに限ってグラブコンパートメントのリッドはプラスチック製だ。歴代のコーヴェットを通じて最も使いやすかった。

衝突時の強度、対腐食性において旧型におよばなかったが、フロアパンを低く落とし込むことが可能となったので、室内スペースを稼ぎ、楽なドライビングポジションがとれるようになった。新しい独立式リアサスペンションを収納するため、リア部分がキックアップしていた。このフレームは、ほぼそのままの形で、実に20年間にわたって約66万基が造られた。基本設計が優れていた証拠だろう。

U断面にプレス成形された鋼板を上下2つ合わせることで閉断面が形成された。梯子型に溶接組み立てしたのち、安物の黒いペイントに漬けられた。1963～82年に生産されたコーヴェットのオーナーが行う改良箇所のうちで、フレームの亜鉛表面処理は筆頭項目に違いない。

フレームの製造はA.O.スミス社が一貫して請け負った。最初はミルウォーキー工場で造られたが、後にセントルイスに近いイリノイ州グラニットシティに移った。63年型のフレームには、GMのパーツナンバー"3819263"がステンシル塗装され、ボディを載せた状態ではこの数字は右メインサイドレール後部に上下逆に現れる。その隣にA.O.スミス社のパーツナンバー"303196"が続く。1桁目から5桁目までがシリアルナンバーだ。さらに生産ライン上では、フレー

Original Corvette 1963-1967

ドラマチックなクーペのインテリアを見る。この写真からもリアウィンドーの分割線が後方視界を妨げているのが明らかだろう。

63年モデルのドアパネルはシンプルかつ機能的だ。プラスチックを芯にしたアームレストは室内ドアハンドルの役割を兼務する。ウィンドーレギュレーターハンドルが下方についていることから写真の車はパワーウィンドーではないのがわかる。上方のハンドルは三角窓開閉用。

ムに車両のVINから取ったシリアルナンバーが、ドア下の左メインサイドレール上と、ホイール背後の左リアレール上に打刻された。前者はボディを降ろさない限り見られないが、後者は懐中電灯と鏡を用いれば目視できる車もある。このナンバーは"マッチングナンバー"の基本となる重要な三要素(エンジン、ボディ、フレーム)の一つだが、容易には視認できないため有名無実になっている。NCRSのジャッジでさえ、オリジナリティを確認するには他の手掛かりに頼らざるをえないのが実情だ。

内装

3年毎にニューモデルに買い換えるのが、典型的なコーヴェット・オーナー像だ。1960年モデルのオーナーが、新しいスティング・レイを見れば、その広々とした室内空間に驚いたことだろう。なにしろ"ストレートアクスル"時代には、身長が185cm以上あったら乗れなかったのだ。新型に座ってみた彼の第一印象はこんな風だ。「ドアは一回り大きくなって、乗り降りが楽になったな。身をかがめなくても、サイドウィンドーから外が見える。足の位置が旧型より低くなって、楽な運転姿勢がとれるようになった。シートは旧型より小振りで幅も狭いけれど、レンチを使って上下の調整ができるようになった。ドアのアームレストは過去2年間のものと同じパーツだが、ドアパネルはしっかりしている。私の車では早くも剥がれかけているのに。また今度の車にはトランクがないと聞いていたが、車内後部には充分なスペースがあるので一安心だ。特にクーペはたっぷりしている。これで彼女にセーターを取って欲しいと頼まれても車を停めなくてすむ」

パッセンジャーシートに座ったガールフレンドは、グラブボックスが施錠できるようになったのは便利だと思っただろうし、アシストグリップのバーが控えめなのも趣味がいいと感じただろう。

1963年3月以前の製造であれば(あるいはシリアルナンバーが11970頃より以前の車であれば)、左右シート下に深くて使いやすい収納ボックスが備わったはずだ。実質10cmの深さがあったので、カメラや女性用ハンドバッグを納め

1963

ウィンドシールド周囲を取り巻くガーニッシュ、GM流に言うとインテリアモールは、コンバーチブルでは磨き上げのステンレススチールが張られ、クーペでは室内色と同じに塗装される。

られて便利だったが、理由を明らかにされないまま廃止になった。この場所はトランスミッションのクロスメンバーから、さらに2.5cmほども路面に近い位置にあった。クロスメンバーでさえ引っかき傷が付いたくらいだから、悪路でボックスの底を壊した車が続出して廃止されたのだろう。

1963年4月以降は、オプションでダッシュボードに一体収納されたエアコンディショナー(C60)が用意された。時計の上側にフェイスレベルの吹き出し口があり、その両脇に配された一対のノブだけで巧妙に温度調整がきいた。冷気吹き出し口はダッシュ両端下にきれいに収まっていた。このオプションでコーヴェットは一夜にして、エアコンを装備した世界最速の2シーター生産車になった。エアコンは、2種ある油圧タペット型エンジンとセットのパッケージオプションで、421ドル80セントと高価だった。

コンプレッサーとヒーター/エバポレーターユニットを装着するため、大方の電装品がエンジンの左側に追いやられた。大型の52ampオルタネーター、電圧レギュレーター・ボックス、ワイアーハーネス、バッテリーなどだ。ウィンドーウォッシャー・タンクも通常のプラスチック製ボトルに代わってバッグになり、左側に置かれた。コンデンサーはラジエター前方に置かれるが、トップホースとオルタネーターを避けるため、エアクリーナー基部は形状変更を受けた上で右に移動した。

新登場の純正レザーシートを注文すると、内装色はプラスチック製のステアリングリムにいたるまで、コード932の"サドル"に統一された。

ラジオはほとんど全てのコーヴェットに装着されたが、1994年までGMはラジオを少なくとも100ドルの有料オプションとしていた。これだけで総額1億ドル以上稼いだはずだ。定評のあるワンダーバー製AM自動選局ラジオが採用になったのは1963年で、コンソールに収納できるよう縦長に装着された(オプションナンバーU65、価格は137ドル75セント)。通常の音量、チューニング、プリセットボタンに加えて、左には自動選局バーが備わった。ダイアルには640Mhzと1240Mhzに"コネルラッド"の印がついていた。当時は米ソ冷戦の緊張が極まっていた時期で、ひとたび何かあれば民間放送は閉鎖になり、この2つの民間防空周波数に切り替わった。この電波管理体制を"コネルラッド"と呼んだ。

シリアルナンバーで3000から6000という初期モデルでは、それまで塗装仕上げだったダッシュ中央部が、順次同じ色のビニール張りになったため、ラジオ開口部に台座枠が必要になった。1963年1月中旬までに全車に台座枠が備わった。

当時はFM放送局も増えつつあり、AM/FMラジオ(オプション:U69)が1963年3月頃から登場した。外観はAMラジオ(U65)と似ていたが、自動選局バーの代わりにAM/FM選局スイッチがずらりと並び、ダイアル面の位置も同じではなかった。在庫があるうちはAMラジオも選択できたが、同年の半ばから姿を消した。

クーペ専用オプションの究極は、なんといっても36ガロン(135ℓ)燃料タンクだろう(オプション:N03)。長距離耐

ORIGINAL CORVETTE 1963-1967

久レース用に設計されたもので、燃料重量を車の中央に寄せ、ハンドリングを向上させるのが主旨だったが、性能の低いエンジンやエアコンをつけた車に備えられた例もある。N03タンクはグラスファイバー製で、クーペの車内に収まった。オプションの3.08：1スペシャル・ハイウェイ・アクスルと組み合わせれば、航続距離は1120kmに達した。オリジナルの亜鉛メッキ・スチールタンクはN03を装着すると取り外されるのが普通だったが、ビッグタンクに加えて、オリジナルタンクがついたままの車を見たという南部のレストアラーは一人ならずいる。

計器と操作系統

63年型の室内で最も印象的なのが、計器クラスターだろう。アルミ鋳造で全てがドライバーの真正面にある。針はオレンジ色でクランクのように折れ曲がっている。中央部は梨地仕上げのアルミで深い円錐形をしており、一見すると削りだしのように見えるが、実は例外的に高品質な材質を用いた、紙のように薄いプレスもので、レンズはプラスチック製だ。

250HPと300HPエンジン搭載の場合、タコメーターのレッドラインは5500rpm、特製カムシャフトつきの340HPと360HPの場合は6500rpmだ。ソリッドタペット・エンジンでは、油圧タペットによる自己制御効果がないため、オーバーレブを防ぐ目的で、タコメーター背後に6500rpmで鳴るブザーが備わったが、音量不足だったのか、生産半ばで廃止になってしまった。スピードメーターは160mph（255km/h）まで刻まれ、子供たちの憧れの的だった。

ペダル類はごく一般的で、オートマチックトランスミッションのブレーキペダルは、マニュアルシフトのペダルより幅が広かった。シフトレバーには黒のプラスチック製ノブがつき、4速MTではリバースにロック機構が付いた。

細かい操作系にも手は届きやすく、表示も見やすい。ワイパースイッチのウォッシュノブを押すと自動的にワイパーが作動し、一定時間ウォッシャー液が噴出した。1963年のワイパーは2速だった。

エンジン

新型ボディとシャシーは、できる限り前年モデルのエンジンとトランスミッションと組み合わせるというのがGMの長い伝統だ。またスターターやジェネレーター、ディストリビューター、ウォーターポンプなどの補機類は、車のなかでも最も複雑な重要部分であり、うまく働いている限りは手を入れずにいるのが最善なのだ。この方法をとれば、組み立て工場では新型へ楽に移行ができるし、開発エンジニアの負担も分散できる。それだけではない。翌年モデルではエンジンとトランスミッションが刷新されるので、新たなセンセーションを巻き起こせる。

たとえばコーヴェットの1956年型と85年型に使われるHS-7722フェルプロ製のシリンダーヘッド・ガスケットには、紙の上では互換性があり、実際両方のエンジンは問題なく回るはずだ。その30年間、実質的に設計変更があったのはスパークプラグ、ディストリビューター、スターターにそれぞれ1箇所、燃料ポンプに2箇所、ATに3箇所（これで燃費が飛躍的に向上した）だけである。

1962年の327cu-in（5359cc）エンジンが、従来の283（4638cc）に代わっていたので、62年型はそれまでで最もパワフルなコーヴェットだった。標準エンジンの公表出力は250HPで、オプションのエンジンが3種あった。これらエンジンはごく細かい変更を受けて新型に引き継がれており、エンジンコードにも変更はない。

シリンダーボアは、265と283エンジンの3.75in（95.25mm）に対して、327では4.00in（101.60mm）だった。ブロックの

63年モデルの室内は最もカラフルだ（上）。プラスチック製のホイールリムとステアリングコラムは室内色と同じ色に仕上げられる。計器面はあたかもムク材からの削りだしのように見えるが（下）、実は紙のように薄いプレスものだ。5300rpmのレッドラインから油圧タペットエンジン搭載車であるのがわかる。

1963

「イグニッションシールドはどこにあるのだろう」この極めてオリジナルな車を見てまずそう思った。この63年モデルにはラジオがないので、その必要がなかったのだ。

鋳造ナンバー3782870は7番シリンダーの背後、左後部の定位置にあった。このブロックは1965年型の生産終了まで使われた。ボーリングする際には、シリンダー壁が薄いので、とくに"マッチングナンバー"のエンジンでは注意を要する。

標準エンジンは圧縮比10.5：1で250HPを得ていた。1962年型と基本的に同じユニットで、MTとの組み合わせでは右シリンダーヘッド前部にRCの刻印が、ATではSCの刻印が入るのも前年型と同じだ。このエンジンは1969年に350が登場するまで、7年間使われた。標準エンジンではあったが、素晴らしくスムーズで強力なユニットだ。今でもコーヴェットを普段の足に供し、ことさら構えることなく高速走行をしたいオーナーには恰好のエンジンだ。渋滞に巻き込まれても、アイドリング不整や温度上昇と無縁でいられる。

この標準エンジンにはカーター製のWCFB4バレルキャブレターが使われた。WCFBは精密鋳造4バレル（Wroght Cast Four Barrel）の意味だ。1953年以降、燃料噴射を別として全てのコーヴェットにカーター製キャブレターがついたが、1964年以降はカーター製以外のキャブレターもつくようになった。モデル3500SがATに、3501SがMTに使われた。前者にはキックダウンリンケージ用アダプターが備わった。カーター製キャブレターの型式ナンバー、製造月を示す数字と、製造年を示す1桁の数字が、エアホーンの頂部ネジ下にある三角形のアルミプレートに浮き彫りにされている。燃料ポンプはAC製だ（ポンプフランジに4657の鋳造ナンバーが鋳込まれている）。両者をつなぐパイプはスチール製だ。フィルターは外部にはなく、キャブレター吸入口の内側に備わる。

Original Corvette 1963-1967

　吸入マニフォールドは鋳鉄製で、鋳造ナンバー3783244が鋳込まれている。日付は月／日／年の順だ。1963〜67年のマニフォールドに共通する特徴として、キャブレターの下を暖める暖気導入通路が一体鋳造されており、エンジン冷間時には、右バンクの排気マニフォールド内にある暖気導入バルブがサーモスタットにより開き、効果を促進する。このあたりのペイントが焼けているのは異常ではない。

　250HPエンジンに限って、シリンダーヘッドの鋳造ナンバーは3795896で、吸入バルブ径は1.72in（43.69mm）だ。鋳造ナンバーはバルブカバーを外すとヘッド頂部に見つかる。燃焼室が59.67ccと小さいこのヘッドはパワーパックと呼ばれ、1964年まで250HPエンジンに使われた。

　エド・コールが率いるチームが、スモールブロックV8を開発したのは1952年から53年にかけてだった。その際、コスト削減のために、シリンダーヘッド頂部にかける機械加工はバルブスプリングシートに限ると決まった。従ってバルブカバーとの接合面は鋳造時のままで平滑ではなく、バルブカバーガスケットからのオイル漏れという問題を長年抱える結果となった。

　1963年250HPエンジンのオリジナルであるプレス・スチールのカバーは、片側4本のボルトで留まっているだけなので、強度にまさるオプションのアルミ鋳造バルブカバーを用いれば、気密性を高めることができる。オリジナルのカバーは、ラベルを貼る四角い部分が一段高くなっており、そこに"Chevrolet 327 Turbo-Fire"と書かれている。ちなみにシボレーがこの誤解を招きやすい"ターボ"の名を使ったのは、この時が初めてではない。

　排気マニフォールドのアウトレットは2in（50.8mm）径で、3本のスタッドで排気系へと固定される。鋳造ナンバーは左バンクが3749965、右バンクが3750556だ。左右マニフォールドには、ジェネレーターマウント用のブラケットが一体鋳造されている。これは1962年まで使われたものと同じだ。右マニフォールドには吸気加熱用バルブがつき、シリンダー右バンクの吸入と排気マニフォールドを連結する通路を介して、吸入マニフォールド下に排ガスを導く。この装置があるために、始動時には、まず左テールパイプから蒸気が排出し、右パイプから蒸気が出るのはその2、3分後になる。

　鋳鉄シリンダーブロックの鋳造ナンバー3782870はドライバー側後ろ頂部、トランスミッションのベルハウジング隣にある。スモールブロックV8は例外なくこの位置に鋳造ナンバーがある。コーヴェットのエンジンでは2番目に大切なナンバーだ。シボレーのどんなモデルでも、鋳造日付を調べれば、車の身元が糸をほぐすように検証できる。日付は鋳造ナンバーの反対側に鋳込まれており、月、日、年の順に示される。最後の数字は、コーヴェット用ブロック本来の製造元であるフリント製であれば、1桁のはずだ。鋳造時にブロックに鋳込まれたのだから、偽造は難しいが不可能ではない。

　シボレーのスモールブロック用シリンダーは、鋳鉄製としては非常に軽量で、68kgをわずかに下回る。あらゆる部分から贅肉をそぎ取り、ブロック底部はクランクシャフト中心線からわずか3.18mm下という切り詰めた設計だ。この軽量にして簡潔なブロックが、やがてレース仕様ではチューン次第で700HP以上を発揮し、ミドエンジン・レーシングカーではストレスメンバーとして用いられ、6000万台もの車の動力源となった。

　327cu-in（5359cc）エンジンは、3.25in（82.55mm）ストロークの鍛造クランクシャフトを用い、5個のメインベアリングジャーナルは2.30in（58.42mm）、ビッグエンドは2.00in（50.8mm）だ。鋳造ナンバー3782680は、ウェッブ1、2、5を見れば確認できる。スモールブロックのクランクには鍛造スチールかノジュラー鋳鉄の両方があるが、1963〜67年のコーヴェットに用いられたクランクは例外なく鍛造で、鋳鉄製が導入されたのは1968年以降だった。鍛造の方が高価だが強度に富み、概して高性能エンジンと組み合わされる場合が多かった。1962〜67年の327用クランクは、しばしば"スモールジャーナル"と呼ばれる。68年型および大型ベアリングジャーナルを持つ後期の327と区別するためだ。

　クランクシャフトのメインとコンロッドジャーナルの両方は、0.001、0.002、0.010、0.020、0.040さらには0.060のベアリングと組めるように機械加工される。同じクランクシャフトを何度も研磨して使えるようにとの配慮だ。入念にバランス取りされ、スムーズに回るのがオリジナルフリント製エンジンの大きな美点だ。油圧タペットつき1963年エンジンのクランクシャフト・バランサーは6in（152.4mm）径だ。

　鍛造スチールのコンロッドにはナンバーは鋳込まれず、センター間の寸法は5.70in（144.78mm）だ。簡潔さがスモールブロックの美点で、ロックを使わずにすむようピストンにはピストンピンが圧入されている。ビッグエンドのロッドボルト径は$^{11}/_{32}$in（8.73mm）。250HP標準エンジンのピストンは鋳造アルミ製で、フラットトップだがバルブのための"逃げ"がある。圧縮比は10.5：1だ。

　1963年の標準エンジンである250HP V8のバルブリフト量は吸排気共に0.398in（10.11mm）、鋳造ナンバーは3732789。カムシャフトには16個のローブがつくのに加えて、前端部の偏心ローブがプッシュロッドを介して燃料ポンプを駆動、後端部のベベルギアがディストリビューターとオイルポンプを駆動する。カムシャフトを駆動するのは一対のスプロケットに渡された46穴のチェーンだ。カムシャフト側スプロケットはスチール製18枚歯、タイミングスプロケットは鋳鉄製36枚歯で、これでカムは必要な2：1の比率で駆動される。コスト削減と簡潔性の観点からチェーンテンショナーはつかないが、チェーンの耐久性は充分で、大がかりなオーバーホールの際にチェックするだけでよい。

1963

63年の5.4リッター・トップモデルに備わった燃料噴射は、途方もないパワーをもたらしただけではない。その持てるパワーを、状況を問わず使い切ることができた。というのもキャブレターつきの車はコーナリング中に燃料が途切れるトラブルに付きまとわれたのに対し、燃料噴射ならその危惧はなかったからだ。

タペットは油圧式で、タペット頂部から圧送されるオイルが、プッシュロッドを経由してロッカーを潤滑する。

オイルパンはプレススチール製、フィルターを含まないで容量は3.8ℓある。標準エンジンのオイルパンにはオイルの片寄りを防ぐバッフルはつかない。オイルフィルターはフルフロー・タイプで、エンジン左後部のボルト留め式容器に、取り外し可能なAC製PF141エレメントが収まる。

エンジンはフリント工場で組み立てが終わると、シボレー独特のオレンジ色に塗装される。塗装自体は雑で、無塗装であるべきアルミベルハウジングや鋳鉄排気マニフォールドまで、スプレーが吹きかかっている例が多い。右シリンダー前のベース部分にはエンジンコードとナンバーが打刻してあるので無塗装だ。塗料は耐熱タイプではなく、安価なエナメルを下地塗装なしで手早く吹きつけたに過ぎないので、排気マニフォールドや吸入マニフォールドに排ガスを導く通路にかかった塗料は、すぐに焼け落ちてしまう。

エンジンをフレームに固定するのはラバーマウントで、ブロック側面上のネジ山を切った突起部に装着されている。このマウントは、左側が破れるとクランクシャフトが回転する力の反動でエンジンの位置がよじれる。するとエンジンの左側がさらに浮き上がって、スロットルリンケージが大きく引っ張られてしまい、ドライバーは怖いめに遭うことになる。マウントがちぎれてもエンジンが動かないように、相互に噛み合うロック機構をマウントに装着するようお勧めする。コンクール・デレガンスの審査員からは減点されるだろうが、安全性をないがしろにはできない。

(RPO)L75 300HP：1963年モデル用オプションエンジンの1番手。標準エンジンより53ドル80セント高価。1962年同様、バルブカバーは鋳造アルミではなく、プレス・スチールだった（リブの入ったカバーはオプションの上位2種エンジン専用）。基本的には上に述べた250HPと同じだが、L75は次の変更を加えて50HPの出力向上を果たした。

キャブレターをカーター製AFB（Aluminum Four Barrel）に替えた。毎分17m³の噴出量は、標準エンジン用のWCFBよりおよそ50％増しに相当する。3461Sキャブレターは、専用の3799349鋳鉄吸入マニフォールドに装着された。このマニフォールドは高性能設計で、300HPの乗用車

にも採用された。直列のAC製GF-90燃料フィルターは本体が黒塗装で、白のレタリングが施されている。カドミウムメッキのブラケットにより、オイルフィルター右側に固定される。

吸入システムに流入する空気量が増えたのに応じて、シリンダーヘッドも別物となる。吸入バルブも250HPの1.72inに対して1.94in(49.28mm)径と大きい。一方、排気バルブは1.50in(38.1mm)と標準エンジンと同じだ。鋳造ナンバー3782461のこのヘッドは、1961年の通称"フュエリー(燃料噴射)・ヘッド"で、1966年までほぼ全てのスモールヘッドに採用されることになる。10.5の圧縮比は250HPと同じ、油圧タペットカムも250HPと共用だ。

MT車の排気マニフォールド(左3797901、右3797902)はアウトレットの口径が2.5in(63.5mm)で、全行程2.5in径のデュアルエグゾースト・システムへと連なる。AT車は標準エンジンと同じ、2in径のアウトレットを持つマニフォールドを用い、2in径の排気系統に連結する。どうやらこの2inパイプのおかげで、ボトムエンドのトルクが太くなったようだ。しかも排気音が静かだから、ATを求める典型的なドライバーにはふさわしいかもしれない。2.5inパイプは1966年までスモールブロックのATにはつかなかった。

(PRO)L76 340HP：1962年から引き継がれた、107ドル60セントのユニット。300HPユニットは最高出力を5000rpmで発生したのに対し、340HPは6000rpmで発揮したが、引き換えにトルクが犠牲になった。344lb-ft(47.5mkg)は、その年のエンジンで最も小さな値だった。圧縮比の高いピストンとソリッドタペット・カムは、このユニットに欠くことのできない構成要素だ。

基本的に300HPのL75と変わりなかったが、鍛造(あるいは衝撃押し出し成形)アルミピストンを備えていた。ピストンヘッドはドーム形で、圧縮比は11.25：1だった。1.94inの吸入バルブと1.72inの排気バルブは300HPのL75と同じだが、ソリッドタペットによる"スペシャルパフォーマンス"・ダントフ・カムシャフト(鋳造ナンバー3736098)のおかげでバルブの開閉スピードが高められた。

コーヴェットの熟成にあたって、その指導的立場に立ったのがゾーラ・アーカス・ダントフだった。1909年生まれのダントフはレニングラード大学で工学の学位を取り、ドイツと生まれ故郷のベルギーで、多くの自動車メーカーのプロジェクトに従事した。1940年ニューヨークに渡ると、兄弟のユーリと共同で工場を開き、戦争中は様々な軍事プロジェクトに参画した。また、SVのフォードV8をオーバーヘッドバルブに改造する、アルミ製シリンダーヘッドを設計、アーダン(Ardun)の商品名で販売した。これはコーヴェット以前のダントフにとって重要な業績だった。彼は現場で揉まれたエンジニアで、身をもって持論を立証してきた。ヨーロッパではポルシェでレースをした経験もあった。未熟なコーヴェットを一人前のスポーツカーに仕立て上げるには、ダントフの経験が必要だったのだ。こうして1954年ダントフはシボレーに雇われ、コーヴェットに取り組んだ。

ダントフ・カムシャフトは、コーヴェットにまつわる神話の一つで、しばしば話題に上るものの、正確に理解されていない。もともとは1956年のオプション(RPO 449)で、188ドル30セントで15HPアップするというふれ込みだったが、実際には販売されなかった。その年のデイトナ・スピードウィークに出場するために開発されたもので、1基の283 V8に装着して、56年のボディパネルを用いた流線型の試作車に搭載された。濡れた砂の上でグリップが得られるよう、スノータイアを履いた同車に乗ったダントフは、果敢にも自らの手で、2方向の平均速度150.583mph(240.933km/h)という驚異的な記録をたたき出した。

ソリッドタペットの方が油圧タペットよりエンジンの回転を高くすることができる。ダントフはカム設計に関して広範な知識を備えていた。ダントフ・カムはバルブの開き時間が長く、リフト量が小さい。1965年までスモールブロックのコーヴェット用ソリッドタペットにオプションで用意され、現在もホットロッド用に人気が高い。このエンジンは所期の設計値まできっちりと回り、タコメーターもそれを裏づけるように、レッドゾーンは6500rpmから始まっていた。

3461Sカーター製AFBキャブレターは、アルミが本来持つ自然な仕上げの吸入マニフォールド(鋳造ナンバー379412)にマウントされる。この年の340HPのみに見られる組み合わせだ。このマニフォールドは右フロントとリアの吸入口がサイアミーズタイプの"3穴"の設計だった。下位オプションのエンジンでは、カタツムリ型の鋳鉄製ウォーターアウトレットがついたが、L76には銀塗装の簡潔な鋳鉄ユニットがついた(鋳造ナンバー3827370)。特製のクロームメッキが施されたエアクリーナーもL76の340HP専用で、後方に向かって7箇所口が開いていた。AC製A165Cエレメントは、出力の低い下位オプションのエンジンと同じ、ツインシュノーケルタイプを共用していた。

L76エンジンのバルブカバーは鋳造アルミで(鋳造ナンバー3767493)、7本のフィンと"Corvette"のロゴが入る。1956年以降の高性能オプションエンジンに用いられたのに似ており、1959年5月に発表になった、固定用の穴が対称に並ぶタイプと全く同一だ。"340 Horsepower"と書かれた黒と金の角形のデカールが、左右のカバー中央側面に貼ってある。

エンジン前部には8in(20.32mm)径のバランサーが備わる。ちなみに下位オプションエンジン2種は6in(15.24mm)径だ。後部表面に鋳込まれた12枚のフィンは冷却用に見えるが、なにを冷却するのか定かではない。バランサー内側の表面積を増やして、ラバーインサートにかかる熱負荷を

1963

写真はただの燃料噴射ではない、Z06仕様だ。デュアル・ブレーキマスターシリンダーを見ればそれとわかる。

識別コード

エンジンブロック鋳造ナンバー
327 cu-in　3782870

打刻されたエンジンナンバーの頭文字
RC	250HP	WCFB 4B キャブレター マニュアル
SC	250HP	WCFB 4B キャブレター AT
RD	300HP	AFB 4B キャブレター マニュアル
SD	300HP	AFB 4B キャブレター AT
RE	340HP	AFB 4B キャブレター ハイリフトカム マニュアル
RF	360HP	燃料噴射 ハイリフトカム マニュアル

シャシーナンバー
30837S100001 から 30837S121513 まで（コンバーチブルの場合4桁目は6になる）

軽減するためとも考えられるが、その真意はフランジの強化にあると見るのが妥当だろう。2種の油圧タペットエンジンにつく小径のバランサーは圧入式なのに対し、この新しいバランサーを保持するのは、クランクシャフト端部にある1本のボルトと厚い平ワッシャーに過ぎない。そのクランクシャフト端部には、ボルトを締めるネジ山が切ってある。

補助ファンとウォーターポンプ駆動ベルトのグリップが高回転域でも落ちないよう、スプリング負荷の掛かったテンショナーがエンジン左側に備わる。このテンショナーはオルタネーターが生む回転力に抗いながら、頂部のプーリー（すなわちウォーターポンプのベアリング）に負荷を掛ける。加えてテンショナーとオルタネーターの回転力は下へと向かう力を生むから、ウォーターポンプ・ベアリングの寿命は短くなるかもしれない。1963年エンジンの下位オプション2種にエアコンをつけなかった場合、後ろ側のベルトはウォーターポンプを駆動するのみで、張力調整は上方のプーリー自体で行い、ウォーターポンプ・フランジへのマウントボルトを締め込む際に調整する。

1963年ソリッドタペット・エンジンのオイル容量は、大型オイルパンの採用により1クォート（0.946ℓ）増えて、6クォート（5.676ℓ）になった（フィルターを含む）。このオイルパンにはバッフルがついたので、レースやスポーツ走行には役に立った。

L76エンジンにはエアコンとATはつかなかった。トルクが細く、アイドリングも安定していなかったから、2速ATとの相性はよくなかったはずだ。

L84 360HP：1963年の最上位エンジン。ロチェスター製燃料噴射を備えていた。価格は430ドル40セントと基本車両価格の10％にも達するが、このエンジンを搭載すると、世界に通用する一級の高性能車になった。35年経った現在でも、何百万という愛好家が"スプリットウィンドー・フュエリー"をなつかしんでいる。当時このモデルをテストした専門誌は、0-400mを14.5秒で走りきる加速性能と237km/hの最高速が両立していると大きく書き立てた。このモデルこそフェラーリ、メルセデス・ベンツ、アストン・マーティン、ジャガーの最上級モデルと張り合える、真にエキサイティングなアメリカ製スポーツカーだった。

燃料噴射のコーヴェット・エンジンが初めて造られたのは1957年だったから、生産7年目のことだ。排気量283cu-in（4638cc）、圧縮比は10.5：1、6200rpmで360HPを発生した。アメリカ製生産車用としては第一世代にあたるロチェスター製燃料噴射システムは、1957～59モデルイヤーのシボレー・ベルエアや後期型インパラ、さらには1958～59のポンティアック・ボンネヴィルにも採用された。燃料噴射の分野で先鞭をつけたのは、1954年のメルセデス・ベンツ300SLで、それはボッシュ製のユニットだった。ロチェ

スター製もボッシュ製もやはり機械式だった。一貫して高性能車に燃料噴射を提供し続けたのはメルセデス・ベンツの功績だが、同社が目指したのは大量市場でもなければ、コーヴェットのような廉価な車でもなかった。

4バレルキャブレターではどうしても外側4本のシリンダーに行く混合気が薄くなり、最高の性能を引き出すためのチューンが難しいが、燃料噴射にすることで、混合気の質と量を等しくすることができた。燃料噴射はそもそもの基本からしてキャブレターより効率に優れ、出力と燃費を向上できた。

もっとも1963年に限っては、燃費よりも出力の方がずっと重視された。燃料噴射のおかげでエンジンが強力になっただけではない。コーヴェットでレースをする際の悩みの種であった、フューエルサージ（キャブレターのフロート室内で燃料が片寄ってしまう）から開放された。これは4バレルキャブレターを備える車で高速コーナリングをする際に必ずつきまとった、長年の問題だった。1Gにも達する遠心力のせいで燃料がフロート室の壁に張りついてしまい、ジェットまで届かずミスファイアを起こすのだ。この悪癖は一般路上での高速ドライブ中や、特に上りヘアピンで頻発した。燃料噴射がこの問題をすべて解消した。20HPも出力がアップし、さらにはスロットルペダルへの反応が鋭くなってボトムエンドのトルクが太り、なお燃費が向上したのである。冷寒時の始動性が向上し、ウォームアップがスムーズになったのも利点の一つだ。また減速時には燃料を完全にカットするので、排ガス中の有害物質が減った。

"フュエリー"を所有するにあたり大きな問題は、これを扱える腕の確かなメカニックがなかなか見つからない点と、高価な点だ。

1963年では唯一360HPを発生するこの燃料噴射エンジンは、1956年の最上級オプションエンジンより優に50%もパワフルだった。1962年のストレートアクスルではこの猛烈なパワーを御する限界だったが、全輪独立サスペンションの新しいシャシーとの相性は理想的だった。

1963年に登場したラムジェット燃料噴射の外観は、それまでといささか違っていた。プレナム・チャンバーが相当大きくなり、初めて取り外し可能なカバーがついた。カバーには、高性能版アルミ製バルブカバーと同じデザインのフィンが12本走っており、"フュエリー"が生産された最後の3年間そのままの形で使われた。ただしその中央を飾った、2本の交差した旗のエンブレムは63年の最初の100台位で姿を消している。シボレー自身が発行する"コーヴェット・ニュース"の1962年秋号と、1963年の"オーナーズ・ガイド"には生産化前のユニットが載っているが、そのユニットには見慣れたウィンタース鋳物工場の"雪"のマークが収まっている。なお初期ユニットのなかには燃料ライン、リターンパイプ、オイル注入ネックのメッキが省かれているものもある。

燃料噴射ユニットは、キャブレターと吸入マニフォールドの代わりにボルト留めするだけの後づけパーツだった。だから吸入システムとシリンダーへの分岐パーツを別とすれば、340HPと360HPの仕様は同一だ。1963年の燃料噴射ユニットのパーツナンバーは7017375で、プレナムの左前、空気流量計前のプレートに記されている。

ロチェスター製燃料噴射システムの構造は単純だった。左側にあるのが空気流量計で、大まかに言えば今日のスロットルボディに相当する部品だ。これがプレナム内部のバキュームを計測し、エンジンに流れる空気の量を示す。空気流量計はバキュームの度合いを示す信号を、エンジンの右側にマウントされている燃料流量計に送る。この燃料流量計が8本の高圧燃料ラインを通じて、吸入管にマウントされた噴射ノズルへと圧送される燃料の量を調整する。

カムシャフト駆動の燃料ポンプにより、タンクからインジェクションユニットへと吸い上げられた燃料は、燃料流量計の内部に仕込まれた、ケーブル作動による高圧ポンプにより圧送される。1963年初期型では、新型の5気筒"ウォッブル"ポンプが装着されている。これは紙の上では、燃料を送る圧力を上手に維持して、始動性も優れているはずだったのだが、間もなく従来のギアポンプに代わった。"ウォッブル"ポンプは200〜300基が装着されたが、大多数がギアポンプに交換された。初期型プレナムの鋳物には前後表面に突起がついていたが、後部の突起はイグニッションシールドを装着するため、組み立てライン上で取り除かれた。

熱力学的には吸入空気の温度は低い方が効率がよい。そこで冷たい、すなわち密度の濃い空気をフィルターを通して燃料噴射ユニットへと導入する、非常に効率的なシステムが考案された。このシステムが初めて登場したのは1958年、燃料噴射コーヴェットが登場した次の年だった。高速で走る車の前部に発生する高圧域をうまく利用して、金属ダクトをラジエター支持部左の楕円形をした穴につなげた。こうして大きな円筒形のエアクリーナーアッセンブリーに空気を送りこんだ。エアクリーナー内部には泡状物質からなる、クリーニングエレメントAC製A-163Cが仕込まれている。エアクリーナーは次に、シートメタルから造ったL字管と、エンジンの揺動を考慮に入れて表面が波形をしたラバーホースによって空気流量計につながる。エアクリーナー自体は左インナーフェンダーに固定される。

360HP"フュエリー"エンジンを積んだ、シリアルナンバー2610の63年コーヴェットには、左右フロントフェンダーにその事実を示すエンブレムが誇らしげについた。ただしフェンダーのほかはノーズにもテールにも特別のエンブレムはない。

冷却系統

アルミ製ラジエターが最初に使われたのは1960年のソリッドタペット・コーヴェットで、61年以降は全モデルに採

用された。エンジンが年を追って強力になるにつれ、発生する熱量も増していったが、アルミは熱伝導率に優れているので、同じ容量のラジエターで対応できた。製造したのはGM内のハリソン・ディビジョンだった。

1961年以降、エンジン上にラジエター用の高圧ヘッダータンクがついたが、63年型では同タンクは右インナーフェンダーに移動した。パイピングはヒーターホースと巧妙に一体化されていた。タンク上の日付打刻（月と年）は車のなかでも最も見やすい位置にある。ラジエター自体の打刻は3155316、後に年／月が続く。

正規の冷却水さえ使っていれば、このラジエターは半永久的に使えるし、いまだ現役のオリジナルはいくらでもある。ところがひとたび不調になると、その原因が内部腐食なだけに始末に負えない。新しい交換部品の品質は申し分ないが外観が異なる。さりとてレプリカは華奢で遠出には適さない。

電気系統

外部電圧レギュレーターつきの12ボルト・オルタネーターが、右排気マニフォールドに固定されたブラケットで支持される。エアコンつきの場合はコンプレッサーに追いやられて左マニフォールドに位置する。ベルト張力の調整はウォーターポンプまで延びるブレースを用いて行う。

1963モデルイヤーは、コーヴェットにACジェネレーター（オルタネーター）が初めて装着された年だ。それまでのストレートアクスル・モデルは、例外なくDCジェネレーター（ダイナモ）を採用していた。AC化は63年にGMの全モデルを通じて実施された。クライスラーはすでに60年から6気筒のヴァリアントでAC化が始まっていた。サービスマニュアルやカタログを見ると、GMは必ずオルタネーターを商品名であるデルコトロンと呼んでいる。

エンジンがアイドリングの状態でも灯火類、室内ファン、ワイパー、その他の補機類に電力を供給できることがオルタネーターの強みだ。雨の夜、一向に動かぬ渋滞のなかで電流計を睨みながら気を揉むという時代は終わりを告げた。信頼性に富むこのオルタネーターは、1969年に内部にトランジスタ式の電圧レギュレーターを備えた新設計のユニットに代わるまで連綿と使われた。

オルタネーターを交換するのは概して緊急の場合が多いため、パーツナンバーの違う再生品を取り付けることになるし、異なったタイプをつける場合もある。エアコンなしの車では37amp／5.5inのアルミ製デルコトロン（打刻ナンバー1100628／37）が、一方エアコンつきの車では52amp（打刻ナンバー1100633／52）が正しい。コーヴェットの部品は大概そうなのだが、オルタネーターにも製造日が打刻してある（年／月／日の順）。当時の目的は品質管理だったが、いまでは身元のはっきりした部品を探し正確なレストアをするための大切な情報源だ。1962年12月に打刻位置はリアケースからフロントケースに移動した。なお63年に限って、ワイヤリングハーネスはオルタネーターにクリップ留めされている。

亜鉛またはカドミウムメッキのプーリーはスチールのプレス製だ。やはりメッキされた冷却ファンは、63年モデルに限ってブレードが全て同じ形をしている。この年以降のブレードは高速で高まる唸り音を消すため、1枚1枚の形状が同一ではない。油圧タペットエンジン2種は$2^{7}/_{8}$in(73mm)小径プーリーと$^{3}/_{8}$in(9.5mm)幅のコッグドベルトを採用する一方、高回転型ソリッドタペットエンジン2種は回転スピードを抑えるため$3^{5}/_{8}$in(92mm)径プーリーを採用し、ベルトも$^{1}/_{2}$in(12.7mm)と幅広だった。

1963年のキャブレターつきに用いられた点火ディストリビューターは、デルコ・レミー1111024だった。このナンバーは基部を取り巻く小さいプレートに書いてある。バキューム進角装置がつき、ラバーパイプとクロームメッキを施されたスチールパイプがキャブレターへと連結した。タコメーターを動かすための平ギアと、ケーブル用取りつけ具が備わった。シボレーでこの計器を備える車は他になく、コーヴェット専用の部品だった。

1963年以前から、確実に高速点火を得られるため、高性能ディストリビューターの大半はデュアルコンタクトブレーカーを採用していた。だが、64年にはさらに優れた電子技術が開発途上にあり、デュアルコンタクトブレーカーの採用は中止になった。従って360HPユニットのディストリビューターはシングル・コンタクトブレーカー・タイプで、クロスシャフト点検カバー上に1111022と打刻されている。なおディストリビューターには燃料ポンプを駆動するケーブルが内蔵してある。例外なく黒のキャップをかぶせてあり、そこの点検窓を通して6角レンチにより、エンジンを回した状態でドエル調整ができる。

スモールブロック・シボレーV8は60年代序盤、見た目のすっきりしたエンジンだった。プラグコード、オイルフ

オリジナルタイプのデルコバッテリー。プラスコードが黒、マイナスコードが茶色と紛らわしかった。

ORIGINAL CORVETTE 1963-1967

ィラー、あるいは1968年に出現するPCV（クランクケース内のブローバイガスを燃焼室に導入するシステム）の類に邪魔されないバルブカバーは魅力的だった。点火コードを手際よく見えないところに収めたのは、ボンネット下の外観をよくする以外にも技術的な理由があった。コードはエンジン裏側、および羊の角の形をした鋳鉄マニフォールドの下と上下に振り分けられた。通常の鋼製ボディならラジオの受信障害は起こらないが、FRPボディには鋼製のバルクヘッドはつかず、特にAM放送では受信障害が深刻だった。1953年に初めて登場したモトラマ・コーヴェットがシリーズ生産化されるや、シボレーはディストリビューター、コイル、プラグコードを金属製のケースに仕舞い込んでシールドするという解決策を見つけ出した。

1963年にラジオを備えたコーヴェットの95%は、点火コードをシールドされていた。プレスしたステンレススチール製のディストリビューターカバーがこの役を担った。一方、下側の垂直および水平シールドの材質はステンレスかクロームメッキしたスチールのどちらかで、同一車両でも二つを併用している例がしばしばある。前側4本のシリンダーにつながるプラグコードを保護するために、エンジンマウント下側のシリンダーブロックにV型のシールドを用いてコードを固定した。1963年までにコード類保護の発想はさらに徹底し、排気マニフォールドから点火プラグのブーツを保護するため、J型の遮熱板が加わった。これらシールドはラジオの有無を問わず装着された。

スティング・レイのスタイリングで欠くことのできないのが、コンシールドタイプのヘッドライトだ。今では珍しくもないが、62年9月当時はセンセーションを巻き起こした。モーターで起動する方式は生産車では初めてだった。長寿命の設計で、自動光軸調整のボールピボットとギアで減速するモーターを備え、モーターが故障したときのため手動の回転ノブを備えていた。各々のヘッドライトにはスイッチが1つついている。これはヘッドライトノブを引いて"オン"にした際、左右どちらかが完全に立ち上がらなかった場合、ドライバーに知らせるためのものだ。

トランスミッション

1955年以降、マニュアル・ギアボックスは、スチール製のケーシングに収まったサギノー製の3段だった。上位2速だけにシンクロがつくこれは、50年代初頭から使われつづけてきたもので、コラムシフトを前提としていたギアボックスなので、フロアシフトに使うには具合の悪いリンケージ機構を持っていた。生産の多数を占める乗用車とピックアップトラックが、フロントにコラムシフトとベンチシートの組み合わせである限り、少数派のコーヴェットはこの都合の悪いリンケージを使うしかなかった。だが動きが渋くて共振もするし、リンケージには通常のメンテナンス作業ではグリスアップしようにも手が届かないため、最後は

ベーシックにして美しくなおかつ希少な3速マニュアル。ラジオはつかない。

磨耗して動きに節度がなくなってしまった。

標準トランスミッションのレシオは、これから述べるT-10型4速とほぼ同じで、2速が省かれている点のみが異なる。1速と2速の間にかなりのギャップがあり、2速はトップに近く使いやすかった。

MTのスモールブロック・スティング・レイのフライホイールには、例外なく鋳造ナンバー3791021が鋳込まれている。シングルドリブンプレートは10.4in(264mm)径でスプラインが10本切られていた。カバーはダイアフラムタイプで、鋳造ナンバーは3703480。

コーヴェットの多くはレースに使われるだろうとの判断から、踏み代を変えることのできるクラッチペダルが採用になった。表裏両面使える巧妙なブラケットを、ペダルとアッパープッシュロッドとの間に挟み、ペダルのトラベル量を6½in(165mm)から4½in(115mm)まで変えられた。納車時は通常ドライブ用に最も踏み代の大きい位置にセットしてあった。トラベル量を最も小さくすると、重くてとても日常の運転には使えなかった。

デフは専用のラバーを噛ませたクロスメンバーにしっかりと固定される。このデフのセンターマウントは当を得ている。フロントヨークが車の中央線から1in(25.4mm)オフセットしているからだ。ドライバーのフットスペースとペダルを収めるため、エンジンも同じ量だけオフセットしている。

低出力の2種のエンジンとATの場合では標準のファイナルは3.36：1で、3.08：1がオプションだ。この2種のエンジンでは、4MTとの組み合わせに限って、ポジトラクション・リミテッドスリップ・デフ（LSD）がオプションで装着できた。高出力型エンジン2種と4MTとの組み合わせでもLSDが装着可能で、レシオは3.55：1、3.70：1、4.11：1、

4.56：1の選択肢があった。LSDはGM指定の潤滑油と添加剤を使わないとスムーズに作動せず、低速時にはチャターが発生し、熱を持つとドンという大きな音をたてた。

ワーナーT-10型4MTとマンシー：ラジオとホワイトウォールタイアを別とすれば、4MTは1963年の最も人気のあるオプションで、83.5％のオーナーが188ドル30セントを追加して、"オプションM20"を選んだ。3MTと異なりワーナーT-10型のケーシングはアルミで、重量は一回り小さい標準のトランスミッションとほぼ同じだった。ただし1961年1月まではこのユニットもケーシングは鋳鉄だった。最初のアルミケーシング・ギアボックスはメインケース上の鋳造識別記号にちなんでT10-1Cと呼ばれ、1962年までオプションでついた。

63年にはT10-1Dが用いられた。小径のアルミ（後期型は鋳鉄）のフロントベアリング・リテーナーがつくので識別できる。このリテーナーは鋳造ベルハウジング（鋳造ナンバー3788421）内のベアリングが収まる穴に位置する。シフターはテールハウジングの左側にボルト留めされ、シフトロッドは3速が2本なのに対し、3本ある。

オプションリストには書いてないが、オプションM20の4MTにはクロスレシオとワイドレシオの両方があった。ワイドレシオ（ローギアが2.54：1）は下位の油圧タペットエンジン2種に、クロスレシオ（ローギアが2.20：1）は340HPと360HPエンジンと組み合わされた。後者2種のエンジンはダントフ・カムを装着していたのでパワーバンドが狭く、サーキットでは回転をピークパワー域に保つためにクロスレシオが必要だった。一方、一般路上ではあえてクロスレシオを選ぶ根拠はなかった。

コーヴェットのエンジンはミシガン州フリントにて組み立てられ、補機類を装着した上でテストを受けた。調整の整ったエンジンに、正しいトランスミッションを組み合わせるため、2文字のコードが記された小さいプレートがサイドカバー下側のボルトにつけられた。Q-Qはワイドレシオ、R-R、S-S、T-Tがクロスレシオを示した。日付はメインケーシングに鋳込まれる。例によって月を示すアルファベット、日、そして年は最後の1桁のみのパターンだった。シリンダーブロックにあるのと同様、VINの2つ目の部分がメインケーシングに打刻されている。

1963年6月頃、シリアルナンバー15000あたりでT-10はGM自製の"マンシー"に代わった。マンシーはT10とよく似ており、シンクロリングとシフターは同じものを使い、ケーシングもやはりアルミだった。マンシーというのはインディアナ州にあるメーカーの所在地の名前で、メインケーシングの鋳造ナンバーは3831704だ。

車の下に潜って確認しないかぎり、63年モデルのトランスミッションがT-10かマンシーかはわからない。一方、どちらであってもクロスレシオかワイドレシオかは簡単に識別できる。マンシーにはメインケーシングの後方中央頂部に、煉瓦状の突起が鋳込まれているので一目瞭然だ（ここにトップテールハウジングを固定するボルトが入る）。T-10にはこの位置に突起もボルトもない。車に搭載されるとこれは見えなくなってしまうので、サイドカバーの形状で識別するのが一番だ。T-10は固定ボルトが9本で下端部のへりが丸い。マンシーのボルトは7本でサイドカバーにつながる下端部のへりが平らだ。

コーヴェットに搭載されたマンシーに、クロスレシオ版があるのは最初の3年、すなわち1963〜65年モデルに限られる。M20というオプションナンバーは両方のレシオに用いられ、どちらを組み合わせるかはエンジンによって決まる。1966年から70年代終盤までクロスレシオ型にはオプションナンバーM21があてがわれ、顧客は自分のドライビングスタイルと、使用環境に見合ったレシオを選べるようになった。1963年のマンシーにはレシオを示す外部プレートはないが、クロスレシオならインプットシャフトに環状の溝が切られている。対してワイドレシオのシャフトには溝がない。

M35パワーグライド・オートマチック：MTが用意されなかった年はあるが（1953、54、82年）、ATがなかった年はない。1963〜67年の間にスティング・レイのAT装着率は10％を超えた。ユニットは堅牢な2速パワーグライドだった。基本的に1953年以来コーヴェットに用いられてきたユニットと同じだったが、様々な改良を施されていた。なかでも1962年に採用された軽量強靱な一体型アルミケーシングの恩恵は大きかった。

1963年では、パワーグライドは標準の250HPとオプションの300HP（L75）と組み合わされた。コーヴェットの場合、ローギアは1.76：1で、およそマンシーの2速と3速の間に相当する実用上申し分のないギア比だった。通常3.36：1のファイナルと組み合わされ、フルスロットルでは95km/hあたりでシフトした。トルクコンバーターが低速域をカバーしたが、静止状態からこのスピードまで途切れる間もなくパワーの波が押し寄せる様は圧巻だ。スモールブロックはトルクバンドが広かったから、2速でも不都合はなかった。遊星ギア式のため、ローの1.76：1は後退ギア比と同様で、紙の上では112km/hまで後ろ向きに走れた。

パワーグライドはオーバーヒートとは無縁だったが、1963年1月、シリアルナンバー6500あたりからアルミ製のオイルクーラーがラジエターの前に備わり、以降67年までのATモデルに例外なく備わるようになった。パワーグライドは素晴らしく簡潔にして信頼性に富み、アマチュアでもリビルドが可能なATだ。

ホイールとタイア

1963年コーヴェットの初期のカタログには、クイックテ

ORIGINAL CORVETTE 1963-1967

イクオフ・アルミホイール（P48）を装着した車の写真が頻繁に登場する。しかしこれは、63年モデルの生産化には間に合わず、64年も生産が半ば進んだところでようやく登場した。

万が一、未使用で日付打刻も正しいP48アルミホイールに出くわしたら、チェックすべき点が二つある。まず一つは、最初の試作品ホイールは2枚羽のノックオフ・スピンナーを持ち、アダプターとの間は放射状の溝嵌合タイプである点。二つ目は、後期型スピンナーが3方向に広がる3枚羽に変わり、放射状の溝嵌合タイプは5本ピン嵌合タイプへと変わった点だ。スピンナーの緩みによるホイールの脱落は常について回る問題で、おそらく生産化が遅れた理由はここにあるのだろう。それにもう一つ、チューブレスタイアを履こうとすれば気密にも手を焼くはずだ。

1963年の標準ホイールはプレススチールの15×5$\frac{1}{2}$Jで、ケルシー・ヘイズ社製だ。ホイールには様々なコードが打刻されているが、その中で注目を要するのは、例えばK-1-3といった組み合わせが三角形に並んだ打刻だ。Kはケルシー・ヘイズ社、1は工場番号、3は製造年の最後の一桁を示す。リム上のバルブステム脇には畝が2つ隆起している。ホイールカバーが回転してバルブを切断してしまうのを防ぐためだ。実はこのホイールは、1957年以来オプションだったRPO 276の15×5$\frac{1}{2}$Jに他ならない。

ホワイトリボンタイアは1963年の最も人気のあるオプションで、生産された車の実に約90％がこれを履いた。その場合ホイールは黒塗装になった。ホワイトリボンの幅は1in（25.4mm）だった。標準のレーヨン強化のブラックウォールタイア、あるいはオプションのナイロンコードタイア（P91）を、選ぶとホイール表面はボディカラーと同じ色になる。ただしアーミンホワイト塗装では例外的に黒塗装ホイールとの組み合わせもある。

スペアホイールとタイアは正規の4本と同じサイズで、FRP製キャリアに納まる。このキャリアには、スチールアングルをヒンジとして下方に降りるカバーがつく。スペアタイアを路面の泥から守るため、シリアルナンバー14000あたりの車から、ハウジング周囲にリップが加わった。ホイールとの干渉を防ぐため、取り外し可能なロックが固定ボルトの頭に被せられた。63年初期のロックには振動止めのラバーパッドが施されていたが、同年4月頃から雨風を完全に防ぐラバーブーツが取って代わった。

タイアサイズは一貫して6.70×15で、今でも忠実な複製品が手に入る。オリジナルタイアは大手メーカー5社全て

初期型ホイールカバー（上左）は梨地仕上げで、メタリック塗装によく映えた。後期型ホイールカバー（上）は磨き上げだ。63年ホイールカバーは今や最も高価だ。

極めて珍しい2枚羽の"クイックオフ"アルミホイール（次ページ）はチューブレスタイアを履くとエア漏れを起こしたため63年はメーカー仕様ではなかった。ノックオフホイールは例外なく標準ホイールより$\frac{1}{2}$in（12.7mm）幅が広い。

が供給した。NCRSの調査によると以下の製品が装備された。ファイアストーン・デラックス・チャンピオン、B.F.グッドリッチ・シルバータウン、U.S.ロイヤル・セイフティ800、ジェネラル・ジェット・エア、グッドイヤー・カスタム・スーパー・クッション。オプションP91のナイロン強化タイヤはファイアストーン500とB.F.グッドリッチ・ライフセイバーだった。

今乗るとこれらのタイヤは新品の複製品であっても時代遅れの感をぬぐえない。直線路を走っている限りはスムーズだが、乗り心地は"ぬめぬめ"している。コーナーを攻めるとトレッドの深さが充分あっても足元がおぼつかない感じで、ウェット路面では現代の標準からすれば間違いなく危険だ。

話はそれるが、せっかくきれいにレストアされても決して走らせてもらえず、コンクールにも必ずトレーラーに載せられて行くコーヴェットを"トレーラークイーン"という。読者が自分の車をトレーラークイーンにしたいのなら、あるいは曲がり角一つない大草原の真っ只中に住んでいるのなら、それはそれで結構。しかしラジアルタイヤは今世紀の傑出した発明品であり、これを履けば1973年以前のコーヴェットは例外なく運転して楽しい車になる。状況を問わずハンドリングは向上し、濡れた路面の安全性も高まる。オリジナル通りの1in幅ホワイトリボンタイヤだって手に入るのだ。唯一、外観上失うものがあるとすれば、オリジナルのはっきりしたプロファイルくらいだ。1963〜64年用に用いられる現代のラジアルは205/75R15か215/70R15である。

1963年のホイールカバーは大胆なデザインで、低速で回転している時が美しい。プレスのステンレススチール製カバーには6本の放射状に伸びたリブが走り、その頂点に収まるのが鋳造スピンナーだ。このスピンナーには2本の交差した旗が描かれ、その上下に"Chevrolet"と"Corvette"のロゴが入る。シリアルナンバー2500までの初期の車では、メインカバーの隆起した部分が艶消しシルバー塗装だった。セブリング・シルバーとシルバー・ブルーの車にはとりわけ似合ったが、このカバーはその後全面磨き出し仕上げに戻ってしまった。

サスペンションとステアリング

コーヴェットはシボレーにとって少量生産車ではあるが、採算のとれる製品である。コスト削減のために、他のモデルとたくさんの部品を供用していた。先代の1953〜62年モデルでは、フロントサスペンションハブとブレーキは丸ごと1949〜54年のフルサイズのものだし、元となった車が生産中止なった以後も、数年にわたって使いつづけられた。

1963年モデルでは既存部品への依存率は先代ほど大きくはなく、標準モデルでは1958〜64年フルサイズのアッパー

Aアームとフロントハブを流用しているだけだった。

　フロントサスペンションはラバーブッシュを噛ませた不等長アッパー、ロワーAアームを採用していた。このアームはボールジョイントを介して、鍛造一体型ナックルとスピンドル（やはりフルサイズとの共用品）に繋がっている。1963年の末期には、ロワーAアーム前端部背後に補強部材が追加になった。キャスターとキャンバーは、アッパーAアームピボットとフレーム上のマウントの間に挿入するシムの量により、簡単に調整できる。スプリングは常識的なコイルだ。およそシリアルナンバー15000あたりまでの生産初期型のスプリングは軟らかすぎることが判明し、装備品の重量が増えた分に対応するため、硬いものに代えられた。エアコン装備車と、スペシャルパフォーマンス・エクイップメント（Z06）仕様の車には、一段と硬いスプリングが備わった。

　スプリング内に収まるダンパーは黒く塗装される。オリジナルのダンパーには"プリアセル（Pliacell）"パーツナンバー3171189（Z06では3171488）、日付、メーカー名"Delco Products, Dayton, Ohio, USA"の打刻がある。当時のカタログではフレオン・バッグ内蔵の復動式と謳われているが、交換部品は同じデルコ製でも単動式が普通であり、かつオリジナルはいくらも走行距離が進まないうちに交換が必要だったようだ。今日復動式がついたままの車はほとんどない。

　前輪の前にあるスタビライザーがロワーAアームとフレーム上のブッシュとを繋ぐ。¾in（19.05mm）径だが、Z06では¹⁵⁄₁₆in（23.81mm）径だった。フレーム同様このフロントサスペンションも初めから優れた設計で、1982年までに造られた100万台のうち実に3分の2の車に装着された。

　標準ステアリングは、パワーアシストなしのリサーキュレーティングボール式だ。リレーロッドに備わっている4個のロッドエンドは見た目には同一だが、左右専用で、アイドラーアームが加わる。油圧ステアリングダンパーがトラックアームとフレームとの間に備わるが、ソリッドタペットエンジンでは、オイルパンが大きかったため装着されない。

　63年以前のコーヴェットでは、ボルトオンでレシオの速いステアリングに改造できたが、型式が変わった63年もこの伝統は受け継がれた。ステアリングアームが入るトラックロッド端部の穴の位置を選べるようにすることで、穴を後方にすると標準の19.6となり、ローギアードで操舵力が軽くなった。前方にすると17.0とレシオが速くなった。パワーアシスト（オプションN49）をつけた場合もこのレシオになった。

　パワーアシストステアリングが用意されたのは63年が最初だった。1963年にはすでに一体式のパワーアシストが登場していたが、ステアリングフィールを尊重したデザイナーは、賢明にも従来型をあえて選んだ。採用になったのはもとをたどれば1955年シボレー乗用車用で、63年当時新型に取って代わられる寸前のシステムだった。同システムのコントロールバルブが、リレーロッドと4本の外部に露出した油圧ホースを持つ独立したラムとを結びつけた。このバルブには漏れやすい悪癖があったが、必要なときだけアシストし、高速では決してでしゃばらず、しかも前輪を通して路面フィールをドライバーに伝えた。1963年当時すでに見た目は旧式だったが、このパワーアシストはその後19年にわたってコーヴェットに使われつづけた。

　パワーアシスト用油圧ラムは、ステアリングダンパーの場所を奪ってしまった。またパワーアシストステアリングは、大容量オイルパンと干渉するため、2種のソリッドタペットエンジンにはつかなかった。

　独立式リアサスペンションの採用は、世界中の自動車設計家を唸らせ、デトロイトの保守的な車造りに慣らされてしまったアメリカの愛好家を驚かせた。それまで大きなパワーを本当に路面に伝えることのできるアメリカ車はなかったが、ようやく凹凸のある路面でもフルパワーをかけられる車が登場した。コーヴェットのホイールは路面に食いつき、強力に車を前方へと押し進めたのだ。

　コーヴェットは敢然として独立リアサスペンションを採用したが、独立サスペンションをだれもが歓迎したわけではなく、これに異議を唱える頑固者もいた。連中の言い分はこうだった。「僕が持っていたヴェットは100km/hまでタイアから煙を吐きっぱなしだったのに、新型ときたら全然煙を吐かない」実際には加速力は向上しているのだが、こうした連中にはそれが実感できなかったし、気に掛けようともしなかった。独立サスペンションの真価がわからなかったし、認める気もなかったのだ。

　新しいリアサスペンションは、素晴らしくシンプルなできばえだった。さもなければシボレーはひとえにコストを楯にして生産化のゴーサインを出さなかっただろう。これは、ゾーラ・アーカス・ダントフが設計したCERV-1で立証されたデザインコンセプトに従った、3リンクシステムだった。CERV-1はミドエンジンの素晴らしい試作車でヒルクライム専用のレーサーだったが、時にはショーカーとしても駆り出された。

　コーヴェットのリアサスペンションは可能なかぎり簡潔だった。溶接組み立てのトレーリングアームは、後輪直前のフレームにボルト留めされたラバーブッシュをピボットとしていた。このアームはテーパーローラーベアリングスピンドルとハブからなるアッセンブリー、およびブレーキを保持し、両者からのトルク反動を受け止めた。リアホイールのトーイン調整はアーム両端のシムにより行った。

　アッパーラテラルリンクの役割も担うドライブシャフト両端には、頑丈なユニバーサルジョイントがつく。このユニバーサルジョイントは実に1996年モデルまで使われつづけた。平行四辺形を完成するボトムリンクは簡潔な鋼棒で

ラバーブッシュがつき、鋳鉄ハブキャリアー突起部とデフ下のブラケットにあるエキセントリックアジャスターとを結びつける。

騒音がキャビンに侵入しないよう、デフは大きなリアクロスメンバー内の充分な容量をもった緩衝材と、デフ自体のフロントブラケット両端にある一対の緩衝材によりラバーマウントされる。

スプリングは10枚1組の横置きリーフで、デフリアカバー底にボルト留めされ、重心高を低めるのに貢献した。だがこれと干渉しないようデュアル・エグゾーストパイプは1本にまとめざるをえなかった。片側をリアデフ部で支持されたスプリングをトレーリングアームに結びつけるのは、高張力ボルト1本と平ワッシャー、それにOリング形状をしたラバーインシュレーターだ。このボルトのおかげで車高調整は簡単だった。リアを上げるにはスペーサーワッシャーを噛ませ、下げるには足の長いボルトを用いればよかった。

ロワー・ハブキャリアーピボット・シャフトから直角に伸びたエクステンションがダンパーのロワーエンドを固定した。ダンパー頂部はフレーム上のブラケットを貫通するボルトで固定され、すぐ近くに迫るボディパネルをクリアーするため特製の薄型ナットにより締め込まれた。フロント同様ダンパーはフレオンバッグ内蔵の復動式で、パーツナンバー(3171190)以外の打刻も同じだ。

リアホイールスピンドルは2個のテーパーローラーベアリングに圧入される。そのベアリングは内側の溝にシムとスペーサーを用い、プレロードが与えられている。ドライブシャフトアッセンブリーが破損等の理由でスピンドルからはずれた場合でも、ホイールとスピンドルとは分離しないよう安全性の見地から圧入式が採用になった。サービスマニュアルは48000km毎にリアホイールベアリングにグリースを充填するよう指示しているが、左右のリアドライブシャフトを脱着しないとこの作業はできなかった。だからこの指示はほとんど守られず、ベアリングの破損は珍しくなかった。

トレーリングアームの開発は1963年を通じて継続して行われ、数々の変更が加えられた。トレーリングアームを固定するボルトが緩まないよう、割りピンと、上部に放射状の溝が切られた、いわゆるキャッスルナットを必ず用いるとの指示をだれも思いつかなかったのは、ちょっと信じがたい事実だ。これが採用になったのはようやく6月の初旬、シリアルナンバーでいうと16500あたりからだったので、63年初期型を手に入れたら念のため同じ改良をぜひ施しておくべきだ。この改良が実施になる数週間前、アームをこのボルトに位置決めするトー・シムが変更になった。両端の口が開いたこれは脱落しやすかったからだ。代わりに両端に穴の開いたシムが装着されたのだが、これでトー調整はボルトをはずさないとできなくなった。ところが北部で冬を数シーズン越した車は、ボルト腐食のためこの作業がほとんど不可能になってしまった。シムが再度両端の口が開いたタイプに戻り、大きな割りピンで固定されるようになったのはずっと後になってからだったが、ボルト腐食の問題はこれで解決したわけではなかった。

ボルトが腐食するとアームブッシュ固定スリーブに永久的に貼りついてしまう。こいつをはずすのは並大抵の仕事ではなく、この問題はその後20年の間コーヴェットについて回った。ホイールを縁石にこすったり、各部が全体的に磨耗したりで、リアホイールは長年の間にトーアウトの状態になりやすく、1963〜82年モデルの多くがスタビリティー不足に悩まされている原因はここにある。独立リアサスペンションの車なら例外なく、リアのアライメントはフロント同様重要だ。しかしひとたびこのボルトが腐食して貼りついてしまうと、後輪のアライメント調整のためにこれをはずすのは一日仕事で、めったにうまくはずれてはくれない。スティング・レイを登場させた初年度、シボレーが調整方法をもっと慎重に設計さえしていればと思わずにはいられない。

オプション

コード	品名	数量	重量(lb)	(kg)	価格
837	標準コーヴェット・スポートクーペ	10594	—	—	$4,257.00
867	標準コーヴェット・スポートクーペ・コンバーチブル	13925	—	—	$4,037.00
	標準327 250HPエンジン	3892	—	—	
	標準ビニールトリム	20399	—	—	
	標準3速トランスミッション	919	—	—	
898	革張りシート	1114	—	—	$80.70
941	セブリングシルバー塗装	3516	—	—	$80.70
A01	総ティンテッドグラス	629	—	—	$16.15
A02	ウィンドシールドのみティンテッドグラス	470	—	—	$10.80
A31	パワーウィンドー	3742	—	—	$59.20
C07	ハードトップ(867のみ)*	5739	6.2	2.8	$236.75
C48	ヒーター・デフロスター、削除オプション	124	−18.2	−8.3	−$100.00
C60	エアコンディショナー	278	104.2	47.3	$421.80
G81	ポジトラクション・リアアクスル(全レシオ)	17554	—	—	$43.05
G91	スペシャル・ハイウェイアクスル	211	—	—	$2.20
J50	パワーブレーキ	3336	12.7	5.8	$43.05
J65	焼結メタリックブレーキ	5310	—	—	$37.70
L75	327 300HPエンジン	8035	4.7	2.1	$53.80
L76	327 340HPエンジン	6978	12.8	5.8	$107.60
L84	327 360HPエンジン	2610	10.5	4.8	$430.40
M20	4速マニュアルトランスミッション	17973	—	—	$188.30
	ワイドレシオ(250HP/300HP)	8444	—	—	—
	クロスレシオ(340HP/360HP)	9529	—	—	—
M35	パワーグライドAT	2621	23.3	10.6	$199.10
N03	グラスファイバー製36ガロン燃料タンク(837のみ)	63	9.8	4.4	$202.30
N34	木目風プラスチック製ステアリングホイール	130	—	—	$16.15
N40	パワーアシスト・ステアリング	3063	27.2	12.3	$73.35
P48	鋳造アルミ・クイックテイクオフ・ホイール	0	—	—	$322.80
P91	ブラックウォール・ナイロン・タイア 6.70X15	412	—	—	$15.70
P92	ホワイトリボン・タイア 6.70X15	19383	—	—	$31.55
T86	後退灯	318	—	—	$10.80
U65	自動選局AMラジオ	11368	—	—	$137.35
U69	AM/FMラジオ	9178	—	—	$174.35
Z06	スペシャル・パフォーマンスパッケージ	199	—	—	$1,818.45

*ハードトップの重量はソフトトップとの差を示す。

ORIGINAL CORVETTE 1963-1967

ブレーキ

　もう何年もの間、スポーツ走行を常とするコーヴェット愛好家が集まると決まってこうこぼしたものだ。「残念だけど63－64年スティング・レイは最後には手放すしかないね。なにしろブレーキがついてないんだから」ここで言うブレーキとはつまりディスクブレーキのことだ。

　1965年からコーヴェットは4輪ディスクブレーキを備えた最初の大量生産アメリカ車となった。ディスクブレーキはその後10年の間に、徐々にフロント、さらに10年でリアへ普及していった。各メーカーの宣伝もあって、いきおいドラムとシューは評価を落としてしまった。

　しかし今振り返って見るに、63年のドラムブレーキは究極を極めた設計であり、シボレーは時代を先行していた。完全にカバーされていたから、粉塵でホイールを黒く汚す恐れはなかった。ペダルを踏んでいないときには全く引きずりはなかった。ホイールをはずし、ドラムを抜きさえすれば点検、清掃、調整ができた。シリンダー、シュー、スプリングは価格が安かったので、気軽に交換ができ、調整、エア抜きも簡単にできた。しかも後退時ペダルを踏めばセルフアジャストさえ可能だったのだ。

　一般路上では高速から強力に車を停止させた。ただそれを繰り返すのは無理な相談だった。そのため運転する側も、サーキットでは車を横向きにさせて、スクラブ抵抗でスピードを落とすというテクニックを自然と身につけるようになる。山道を下るときには無意識に運転がおだやかになり、周囲の美しい景色を愛でるようになる。

　ドラムの内径は前後とも11in(279.4mm)だった。制動力の大半を前輪が受け持つようにフロントシューは$2\frac{3}{4}$in(69.9mm)幅だったのに対しリアは2in(50.8mm)だった。ライニングの総面積は185.2sq-in(1194.8cm^2)。摺動面の材質には当時アスベストが混ざっていたが、今では代替物に変わっている。フロントシリンダーのボアは$1\frac{3}{16}$in(30.2mm)、リアは1in(25.4mm)だ。いま述べたパーツは当時のフルサイズ・シボレーからの流用品で、フルサイズは少なくともコーヴェットより200kgは重かったから、制動力に不足はなかった。マスターシリンダー(鋳造ナンバー5462389)のボアは$\frac{7}{8}$in(22.2mm)で、デルコ・モレーン製だった。そのリッドは蝶ネジ1個で固定され、リザーバー基部のネジ山を切られた窪みに収まった。

　パーキングブレーキはダッシュ下のプルハンドルによるケーブル作動で、レバーとスプリッターにリンクしている。後者は車の左側、トランスミッション・クロスメンバーの直前に位置した。右側のケーブルはデフのすぐ前まで車を縦断していたが、これは1963年のみの配置だった。

フィンつきZ06フロントブレーキドラムと、5本ペグドライブ・アダプターは、ディーラーオプションのP48ノックオフホイールにつく。ウサギの耳の形をしたダクトが冷却風をこの高性能版ドラムに導く。

1963

高価なZ06スペシャルパフォーマンス・パッケージの一部である特製ブレーキに加えて、ブレーキにはオプションが2種用意された。J50パワーブレーキを注文すると、マスターシリンダー後部に位置するバキュームアシストユニットがつき、ペダル踏力が軽減された。M35ATとの相性が抜群のオプションで、M35を注文したオーナーのほぼ半数がJ50も合わせて注文した。ちなみにマニュアルでの注文率は10％に満たなかった。AT車では当然ながらブレーキペダルはアクセルと同じ踏力であるべきで、ブレーキブースターが役に立った。マスターシリンダーは標準ユニットと同じだ。このマスターシリンダーはサーボの前方に位置したので、蝶ネジがボンネット裏と干渉してしまい、生産初期に6角ボルトに変わった。

J65焼結メタリックブレーキのオプションは、1962年のRPO 686と同様だ。各々のシューにはこの材質が6区画に分けて接着される。感触は鉄のやすり粉を圧縮凝固させたものに似ている。実際、材質は鉄からできており、磁石に付く。このライニング用に専用のブレーキドラムが造られ、63年モデルの25％に装着された。冷寒時に効きが安定しないとの批判もあるが、このブレーキは当時としては極めて優れた設計だった。

Z06スペシャルパフォーマンス・エクイプメントを注文したオーナーは、燃料噴射のL84エンジンを活かしたサーキット走行という特殊な条件を満たすため、ブレーキ系統全般に手を加えた。J50とは細部が別物のブレーキブースターが必需品で、専用の二重回路マスターシリンダーを作動した。この現代的な安全装置がコーヴェットに採用されたのは、この時が初めてである。フロントブレーキ・バックプレートにはボルトオン式の冷却ダクトがつけられるよう形状が変わり、リアには冷却通風口が備わった。一回り大きなドラムには外側にフィンが切られ、冷却用の穴が5個大きく開いていた。冷却ファンがハブとドラムの間に備わり、大型シューが特製の"セラメタリック"材に向かい合っている。ロードカーでは後退時のみ効くセルフアジャスト機構は、前進時に効くよう変更になり、ブレーキを酷使するレース中でもアジャストが可能になった。

Z06オプションを装着したコーヴェットは、1963年に199台造られた。1818ドル45セントと高価なパッケージオプションだったが、L84燃料噴射、N03 36ガロン（130ℓ）燃料タンク、4速トランスミッション、P48鋳造アルミホイール、硬められたサスペンション、容量の大きなダンパーなどがもれなく含まれていた。後にこのパッケージからは重いノックオフホイールと、大きなグラスファイバー製燃料タンクがはずれた。ちなみに前者はシーリングの問題を抱えていた。後者をつけるとZ06仕様のコンバーチブルに仕立てることもできたが、はたしてこの仕様のコーヴェットが造られたか今では明らかではない。いずれにしても、Z06が究極のミッドイヤーであるのは多くの人が認める事実である。

Z06フロントドラムにつくスチールプレス製冷却ファンを見る。分割し接着された"セラメタリック"ライニングは暖まると非常に強力だった。

ORIGINAL CORVETTE 1963-1967

1964年

　1963年は全面的にモデルチェンジしたコーヴェットにとって申し分のない年になった。販売台数は61年の2倍、62年と比べてもほぼ7000台上回ったのに加え、コンバーチブルかクーペを選べるようにしたため、幅広い使われ方をされるようになった。アメリカの生活水準も高まる一方で、パーソナルカーにお金を使える余裕のある人が増えたのも一つの理由だった。それに新型のクーペならゴルフクラブも1セットだけなら積むことができた。

　ラインでの生産性と、快適さを向上させるためにほんの少しだけ改良が施された。1960年代の車だったから前年型とは少しでも外観を変える必要があったのである。

　新型スティング・レイの需要に対応するため、セントルイス組み立て工場では1963年から2交代制が敷かれていた。セントルイスの工場はすでに手狭で、コンバーチブルに加えてクーペを組み立てようにも、大きなボディ部品を保管し、製造するだけの余裕はもはやなかった。そこでコーヴェットの生産を既存のフリント/デトロイト地域に戻すべく検討された。その頃GMはミッチェル・ベントレー・コーポレーションという下請けメーカーと長期の契約を結んでいた。同社はフリントから西に100kmあまりのミシガン州アイオニアにあり、フルサイズのステーションワゴンボディをGMに代わり製造していた。GMにはワゴンボディを自社製造に切り換える計画があり、代わりにミッチェル・ベントレー社で、コーヴェット・ボディの塗装と装備品の取りつけをするという案が浮上した。同社にはFRPを扱う実績が充分にあったし、ミシガンに最終組み立てラインが戻れば、ボディ組み立て工場とは陸路で3時間足らずの距離になり、都合が良かった。

　ところがこのプロジェクトにゴーサインが出る直前に、ミッチェル・ベントレー社はA.O.スミス社に買収されてしまった。ミシシッピ川を十数km越えたイリノイ州グラニットシティに工場を持つ、これまでもコーヴェットのフレームを製造してきたサプライヤーだ。A.O.スミス社から最初のボディが納品されたのは1964年2月初旬のことで、貨車1両につき15基載せられてミシガンから届いた。以降アイオニア工場は、ストライキにより打撃を受ける1967年まで、ボディ製造のほぼ半数を請け負うことになる。

　ミズーリ工場でコンバーチブルボディを製造し、クーペではリアウィンドーが一枚ガラスになったので、従来やり玉に挙げられた後方視界の悪さは幾分改善された。H型断面のゴム製ガスケットとシール剤ではなく、接着剤のみで支える。

寸法／重量	
全長	4447.5mm
全幅	1767.8mm
全高	
スポートクーペ	1259.8mm
コンバーチブル	1264.9mm
ホイールベース	2489.2mm
トレッド	
フロント	1428.8mm
リア	1447.8mm
車重	
スポートクーペ	1417.5kg
コンバーチブル	1410.7kg

1964

64年型のボンネットは光り物のグリルがなくなったのですっきりしている。横から見ると新しいデザインのホイールカバーとロッカーモールにより前年型と区別できる。現代のラジアルタイアを履いているので運転の楽しみは倍加した。

Original Corvette 1963-67

廃車置場に棄てられたどの車より古いと思われるこの64年コンバーチブルはレストアを受けていない。それでも毎年夏、日々の実用に役立っている。1964年までにコンバーチブルの方がクーペよりも人気があることが明らかになった。コーヴェットは今も昔もすべてディーラーの注文するスペックに従って、ということはつまりオーナーとなる人の注文に従って造られている。

ロワーフェンダーに刻まれた窪み
は64年型にも引き継がれた。パネ
ルを強化する目的でこの形状にし
たのだと思われる。

をA.O.スミス工場が製造するよりは、ミシガンに集約した方がコストが安く、効率的なのは明らかだった。しかし実際にはセントルイス工場ではその18年後の1981年8月までボディの製造が続いた。一方A.O.スミスは1967年分の製造を完了した時点でボディの製造を終了していた。

ボディサプライヤーが2社あったわけで、最初は混乱が避けられなかった。はたせるかなセントルイスの工員は1964年アイオニアボディの初期型は欠点だらけだと不満の声を上げた。特に東部からスミス製ボディが届けられるようになってすぐに2交代制が中止になったこともあり、事態は深刻だった。しかし間もなく、800km離れた2社の工員はライバル意識とプライドを持つようになり、その結果1964〜67年ボディは例外的に造りと仕上がりが良くなった。A.O.スミス製ボディはトリムタグの右上にあるボディナンバーの前にAの頭文字がつくのに対し、セントルイス製は同じ位置にSのイニシャルがついた。

ボディと外装

1964年モデルはクーペ、コンバーチブルとも外観上の変更はほとんどない。まずボンネットから光り物のトリムパネルがなくなった。パネルがついていた部分の窪みはそのまま残されたが、これはパネル強度の向上に一役買うと判断されたためだろう。このトリムは1959年のスティング・レイ・レーサーに通じる、視覚上のシンボルとしてつけられた。レーサーのボンネットグリルは単なる飾りではなく実際に機能していたが、生産車はダミーだった。理由はエ

カラー

コード	ボディ	数量	室内色コーディネーション
900	Tuxedo Black	1897	Black, Red, Silver, White
912	Silver Blue	3121	Black, Blue, White
916	Daytona Blue	3454	Blue, Silver, White
923	Riverside Red	5274	Black, Red, White
932	Saddle Tan	1765	Saddle, White
936	Ermine White	3909	Black, Blue, Red, Saddle, Silver, White
940	Satin Silver	2785	Black, Blue, Red, Silver, White

シルバーとホワイトのシートとは各色あるダッシュ、カーペットと組み合わせが可能だった。スチール製ホイールは例外なく黒塗装。コンバーチブルの幌の色はブラック、ホワイト、ベージュから選べた。

ORIGINAL CORVETTE 1963-1967

ンジンルームの臭気がウィンドシールド下にある室内へのエアインテークに吸いこまれてしまうためだ。窪みに雨水が溜まらないよう前部に水抜きが一つ開いていた。

1963年型の回転式ヘッドライトハウジング本体はFRP製で、ツインヘッドライトのカプセルと光軸調整機能は、プレス物の鋼板ハウジングにマウントされていた。1964年型ではハウジング本体がアンチモニーに変更され、カプセルを収納するケースがダイキャスト製法になった。これでボディとの一体感が高まり、動きもスムーズになった。

バンパーの形はスティング・レイ生産期間中変わらなかったが、1964年には前後のマウントステーの厚みが1/4in(6.35mm)から3/16in(4.76mm)へと薄くなった。オリジナルバンパーの品質は大変優れていたが、凹ませたりしてシボレーパーツの新品に代えた例が非常に多かった。

ロッカーカバーも毎年変わった。64年はメインバー下のリブが8本から3本に簡略になった。磨き上げたアルミ製で3本の窪みには黒の塗装が施された。

毎年変更になったのは、旗を交差させた凝ったデザインのガソリン注入キャップも同様だ。このキャップがあれば、この車がキャディラックを製造しているメーカーの製品であることは一目瞭然だった。

またロワーリアボディパネル内部にあるステンレス製エグゾースト・エクステンションベゼルが大型になり、マフラーの取りつけが以前より楽になった。

1964年モデルでより変わったのはクーペの方だ。あらゆる議論を交わしたあげく、ビル・ミッチェルは2分割のリアウィンドーを生産車に採用した(それで63年型は歴史に残る車になった)が、64年モデルでは1枚ガラスへと変更された。その装着方法は画期的で、シーラーのみにて固定された。これもセントルイス組み立てラインで採用された新技術だった。フロントウィンドーも68年から同じ方法で装着されるようになる。

一体型リアウィンドーはリアスタイルを現代化するのに大いに効果があり、しかもこれで1963年型クーペは一目でそれとわかるようになった。予想どおりと言うべきか、64年用リアウィンドーに換装する63年型オーナーは後を絶たなかった(85年型に86年型のハイマウント・ブレーキライトをつけるのが流行ったのと同じだ)。フロントではクーペのAピラーは塗装仕上げに変わり、コンバーチブルと識別できるようになった。ウィンドシールドを取り巻くクロームメッキ枠の幅が狭くなり、三角窓前のモールが廃止になった。

1964年型ではフロントのフェンダースカートが設計変更になり、ボディと連続面で接着されないようになった。おそらくこのあたりの内側にかかるストレスが過大だったせいだと思われる。あるいはデザイン上の、滑らかなフロントラインが歪んでしまったためなのかも知れない。前年では接合されていた面は、黒のゴム製チャンネルでカバーさ

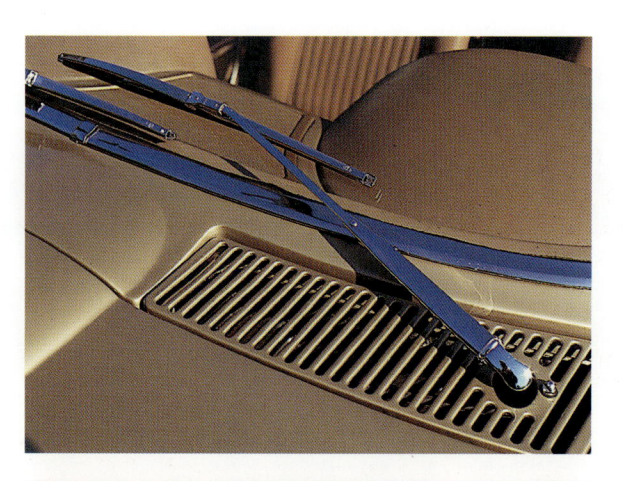

1963年と64年型のワイパーアームは磨き上げ仕上げだ。

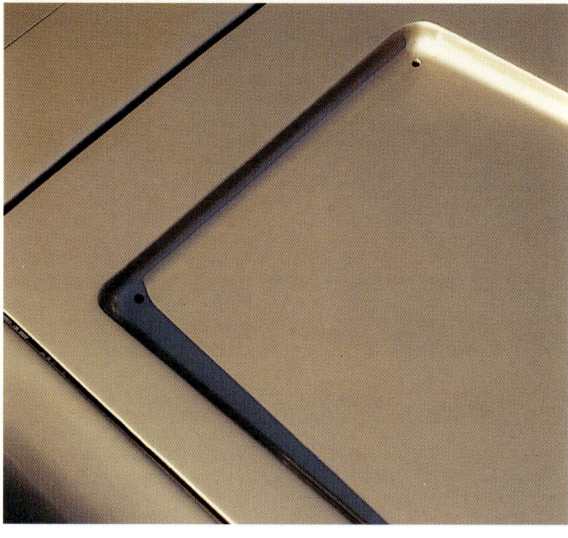

グリルは姿を消したがボンネット前部の窪みはそのまま残った。

4個あるリアライトはそれぞれ形が異なりパーツナンバーも専用のものがあてがわれる。

れ、金具で位置決めされた。

　クーペの室内通風を改善し、エアコン未装着車も涼しいよう、通風システムが導入になった。ドア背後のウィンドー・ピラーについた小さなグリルでわかる。室内を通過した空気はドライバー側に限って、ここから外に排出された。

　ドアは発表当時は63年型と同じで、一段高くなった台座にクロームメッキのドアハンドルが固定されたが（キー部分もやはり一段高くなっていた）、1964年4月頃、車でいうと1万5000台あたりからこの台座が姿を消した。しっかりと握れるようにハンドルは長くなり、ドアとの隙間も広がった。これでドアのアウタースキンが平滑になり、最終仕上げと塗装が楽になったはずだ。

シャシー

　64年型シャシーは、ボディマウント方式の変更に対応して微妙に変わった。1953年以来一貫して、ボディとシャシーは別体構造だった。両者はボルトによりしっかり結合され、歪みを防ぐため必要に応じてシムが挿入された。ロードノイズと振動を減らす工夫もこらされた。

　一定程度のコンプライアンスをもたせるため、フレームとボディとの間にゴムの緩衝材が挟みこまれた。$1\frac{5}{8}$in（41.28mm）径、力を加えない状態での厚みは$\frac{1}{2}$in（12.7mm）だった。クーペの場合、従来は8箇所だった固定ポイントは6箇所になり、それぞれに緩衝材が用いられた。省略になったのはトランスミッション・クロスメンバー前の"ナンバー2"ポジションだ。一方車体剛性の不足に悩んでいたコ

グリル（上）は室内気の吹き出し口をカバーするようになった。クーペに備わる室内の空気を外に排出するシステムは複雑なわりに大した効果はなく、夏の車内は非常に暑くなった。いまではオゾンを始めとして周囲の環境を破壊しないクーラーガスがある。エアコンの効きはすこぶる強力だ。コンバーチブル最大の美点は扱いやすい幌にある（右）。なにしろシートに座ったまま下ろしてリッドを被せられるのだから。

64年型のガソリン注入キャップ。スティング・レイの生産中このデザインパターンに変わりはない。

Original Corvette 1963-1967

ンバーチブルの固定箇所は8箇所と変わりなかった。乗員にもっとも近い"2"と"3"のポジションには、他より柔らかめの$\frac{1}{2}$inの緩衝材が使われた。従来より厚いシートクッションを据えつけるため、64年フレームのマウント部は低くなっている。このため63年と64年型フレームに互換性はない。65年にはさらに細かい所が変更になる。

64年型フレームのGMパーツナンバーは3864676である。63年型と同じく右メインフレーム・サイドレール後部に白のステンシルで塗装される。数字が上下逆なのはA.O.スミス工場での保管方法ゆえだ。A.O.スミスのナンバーは303196で変更はなく、同年を通じて10、11、12の数字が頭につく。

内装

シートは一見すると前年と変わりないが、バックレストが広くなり頂部が角張った。なにより座り心地がよくなった。シートの上下調整は廃止になってしまった一方、これ以外の調整は、新たに備わったダイキャストにクロームメッキを施したT型ハンドルで行えた。ちなみに前年型はシンプルなクロームメッキされたL型アームで調整した。

64年中盤から、ドアシルのモールを固定する穴が4から6個に増えた。経年変化によるモール中央部の盛り上がり

グラブボックスは全金属製になり、ステアリングホイールは室内色に関係なくウォールナット調のプラスチック製になった。クーペのドアは屋根まで切りこんであるので乗り降りが楽だ。

1964年からは2トーンの室内色が選べるようになった。シートとドアパネルはホワイトとシルバーがあり、別色のカーペット、シートベルト、ダッシュボードに組み合わされた。64年型のシートはバックレストが角張ったが、それ以外63年から変わりはない。写真の車は65年用チーク材のステアリングホイールをつけているが、現代風のラジオ・カセット、シフトレバーとももともとオリジナルではない。

を防ぐためだった。

64モデルイヤー中盤以降、助手席側のグリップハンドルも固定ネジが2個増え（全部で6個）造りが頑丈になった。

そのグリップハンドル下のグラブボックスリッドも新しくなった。63年型のプラスチック製に代わり、品質の良い総金属製になった。中央アルミ部分は梨地仕上げで、黒塗装で枠が仕上げられ、外周部にクロームメッキの枠がついた。中央アルミ部分には、ボディ後部につくのと同じスティング・レイのエンブレムがアクセントとしてついた。1対のカップホルダーは走ると使い物にならなかった。

新しく登場した車内の換気システムは、ステアリングコラム左のプルスイッチ（エアコンつきの車では右）に繋がるケーブルにより作動する。スイッチには"Rear Vent Pull"の表示がある。スイッチを一段引くと通風室のドアが開き、もう一段引くと3段階調整の吸引ファンモーターが回る。このモーターは車の左後部、内装パネルとインナーフェンダーの間に備わる。後ろ向きの開口部はワイアメッシュのグリルで保護される。前方の空気がダクトを介してドライバー側ロックピラー背後のプレナムチャンバーに導入され、ドライバー側ドアウィンドー後方の2つあるグリルから車内の空気を強制換気した。プレナムから湿気を抜くための

Original Corvette 1963-1967

2つあるリフレクターのうち上のほうはドアロックノブを兼ねる（上）。グラブボックス上の"眉毛"に一体成形されたパッセンジャー用のグリップハンドルは便利だ（右）。計器の円錐形部分には細かいリブが入り、黒塗装になった（下）。室内気排出ファンを回すプルスイッチがヘッドライトスイッチの右に見える。

水抜きが設けられている。グリルは両側につくが、右側はダミーだ。この換気システムはオプションN03の36ガロンタンクと一緒には装着できない。

1964年からシートカラーにシルバーかホワイトを選ぶと内装色が2トーンになった。例えばシルバーではカーペットはグレーに、ダッシュボードはブラックないしはブルーという具合だった。以前は"サドル"のみだった革もブラック、レッド、ブルーが選べるようになった。

計器と操作系統

反射して眩しいとの批判に応えたのだろう、63年モデルの計器と時計中央部の美しく輝く金属製の円錐部分は、64年では艶消しの黒に塗りつぶされてしまった。アメリカのスポーツカージャーナリズムは、コーヴェットに対して二つの相いれない感情を抱きつづけた。純粋のアメリカ製と胸を張る一方で、何年ものあいだヨーロッパ製の自動車を褒めそやし、自国製の車を重くてきびきびしていないと批判してきた手前、コーヴェットを全面的に優れた車と認めるのにわだかまりがあったのだ。反面ジャーナリストの批判は良い結果ももたらした。計器のレンズが従来のプラスチック製から時計を除いてガラス製になったのだ。

センターコンソールは一体ダイキャストの金属製に変わった。外枠をクロームが囲み、平らな部分は室内色と同じ

標準の250HPエンジンがなんといっても一番使いやすかった。写真の車はパワーグライドATとの組み合わせだ。スロットルアームのロワーロッドはキックダウン用。出力の小さいエンジン2種には前年同様スチール製のバルブカバーが使われた。

色に塗られた。シフトレバーと灰皿周囲はアルミの梨地仕上げだ。コンソールが新しくなったのにともない、ゴム製シフトシールも従来とは別部品になった。レバー自体が太くなり、印象的なクロームメッキのスチール製ノブがつく。

前の年では室内色と同色だったステアリングホイールリムは、木目調のプラスチック製に統一され、コラムも黒一色になった。ちなみに木目調のホイールは1963年後期には16ドル15セントのオプションだった。

ダッシュトから生えるパーキングブレーキレバーは梨地仕上げに変わり、以前白だった文字表記が黒に変わり文字そのものも小さくなった。

エンジン

327を導入して成功を収めてまだ2年しか経っていないのだから、エンジンに改良するべき点はほとんどなかった。出力の低い油圧タペットエンジン2種、つまり標準の250HPと300HP L75について変更点はほとんどない。この年も全てのエンジンが、3782870という同じ鋳造ナンバーのシリンダーブロックを引き継いだ。キャブレターエンジンでは、

エアクリーナー後方につくクランクケース・ベンチレーション用の1in(25.4mm)径のゴムホースが、クランクケースへのバックファイアを防ぐ新しいデザインのパイプに代わった。

標準ユニット250HP：高性能エンジン指向を反映して、1964年、標準の250HPエンジンを選んだオーナーは全体の14.7%に過ぎなかった。事実上63年モデルと同一だが、64年ではカーター製WCFBキャブレターのナンバーはマニュアルでは3697Sに、ATでは3969Sになった。鋳鉄製吸入マニフォールドの鋳造ナンバーは3844457に、左バンク排気マニフォールドの鋳造ナンバーは3846559に変更になった。なお右は3750556で1963年と変わらなかったが、エアコンつきは3747038になった。

L75 300HP：ナンバーの変更以外1963年型と変わらない。MT/AT用の順に表記すると、モデルイヤー当初、カーター製AFBキャブレターは3461S／3460Sだったが、1963年10月末頃に3721S／3720Sに変わり、さらに3721SA／3720

SAとなった。同年の途中で鋳鉄製吸入マニフォールドの鋳造ナンバーは、3799349から3844459に変わった。

L76 365HP：ソリッドタペットのL76は365HPとなり、少なくとも紙の上では、生産型コーヴェットに搭載されたスモールブロックエンジンのなかでは最強になった。63年型L76に対して25HP向上したのは、シリンダーヘッドとキャブレターを変更した賜物だった。

そのキャブレターとは有名なホーリー製4150で、コーヴェットに使われたのはこれが初めてだった。こうして始まったホーリーとの関係はその後9年続いた。スティング・レイが生産された最後の2年に、ホーリーはカーターを完全に追い払ってしまうのだが、逆に1968年以降はこの年初めて採用された、カーターに似たロチェスター製クアドラジェットに徐々に取って代わられる運命にある。

ホーリーが圧倒的に優れていたのは整備性の良さで、実際このユニットは頻繁な調整を要したから、これは重要なメリットだった。ホーリーはレーシングカーには最適で、簡単に取り外しができるフロートチャンバーは、やはり簡単に取り外しのできる、燃料流量調整をするメタリングユニットを左右から挟みこんでいた。サーキットではメタリングユニットを交換することで、1分足らずのうちにジェットの交換ができた。だからドラッグレースでは日が落ちて気温が下がると、一回走行するごとにホーリーのジェット交換が日常的に行われていた。

ところがこのサンドイッチ状の縦割り構造は、公道を走る車に装着すると欠点ばかりが目立つ結果となった。このキャブレターの信頼性はひとえにガスケットに頼っていた。悪いことにガソリンはオイル以上に浸透性が高く、ボンネット下の環境は千変万化だ。スポーツ走行中は冷却され、停止時には一転高温にさらされる。渋滞中ガソリンは沸騰点近くまで熱くなる。こうした熱変化のストレスによりキャブレター本体が変形し、燃料のみならず空気までが漏れてしまった。ホーリーはレース用に設計されたキャブレターで、日々の悪条件には耐えられなかった。

ただしホーリーがパワー向上に一役買ったことは誰もが認める事実だった。1964年ソリッドタペットエンジンに装着された"ビッグバルブ"はL84燃料噴射エンジンの場合、15HPの出力向上を果たした。ビッグバルブはL76にも装着され、このエンジンは前年より25HP向上したから、10HPはホーリーのおかげと思われる。今で言えばコンピューター・モジュールのチップを変更するように手軽だった。だから設計者がこのキャブレターの魅力に負けて、生産車に装着したとしても驚くにはあたらないのだ。

なおシリンダーヘッドの鋳造ナンバーはL75と同じ3782461、ただし吸入バルブは2.02in(51.31mm)に、排気バルブは1.60in(40.64mm)へと相当大きくなっている。

識別コード

エンジンブロック鋳造ナンバー
327cu-in　3782870

打刻されたエンジンナンバーの頭文字
RC　250HP　WCFB 4B キャブレター マニュアル
SC　250HP　4B キャブレター AT
RP　250HP　WCFB 4B キャブレター マニュアル、AC
SK　250HP　WCFB 4B キャブレター AT、AC
RD　300HP　AFB 4B キャブレター マニュアル
SD　300HP　AFB 4B キャブレター AT
RQ　300HP　AFB 4B キャブレター マニュアル、AC
SL　300HP　AFB 4B キャブレター AT、AC
RE　365HP　ホーリー4B キャブレター ハイリフトカム マニュアル
RT　365HP　ホーリー4B キャブレター ハイリフトカム マニュアル、TI
RR　365HP　ホーリー4B キャブレター ハイリフトカム マニュアル、AC
RU　365HP　ホーリー4B キャブレター ハイリフトカム マニュアル、AC、TI
RF　375HP　燃料噴射 ハイリフトカム マニュアル
RX　375HP　燃料噴射 ハイリフトカム マニュアル、TI

シャシーナンバー
40837S100001から40837S122229(コンバーチブルの場合4桁目は6になる)

L84 375HP燃料噴射：これはオプションエンジンのなかでは最も人気がなく、搭載率は総生産量の6%に満たなかった。しかし1964年型L84は、歴代の鋳鉄ヘッドを載せるスモールブロックのなかでは最強のユニットだった。最高出力を6200rpmで発生し(レッドラインは6500rpm)、クーペなら3.08：1のファイナルとの組み合わせで、スピードメーターに刻まれた最高速、256km/hに到達しただろう。出力の向上は吸排気バルブが大径化され、吸入効率が向上したためだ。

もしL84と、1996年マニュアルトランスミッションに搭載された330HP LT4アルミヘッドエンジン(やはり燃料噴射)の2基をダイナモにかけたら、実際のピークパワーはいい勝負だろう。このことはまた30年の間のエンジンの進歩をも物語る。L84は、メーカー指定のアイドリングスピードである850rpmに設定すると回転が安定しないのは一旦置くとしても、4400rpmまで回してようやく350lb-ft (48.3mkg)の最大トルクを発生するにすぎなかった。これは標準エンジンの数字と同じで、しかも標準型はこのトルクをわずか2800rpmで発揮できたのだ。

初期生産型の燃料噴射は7017375R、その後7017380になった。VINの最後の7桁がプレナムに打刻されるようになったのはその後期型、車でいうと1万4000台あたりからだ。これで燃料噴射ユニットもマッチングナンバーを確認する拠り所になった。

冷却系統

アルミ製ハリソン製造のラジエター(パーツナンバー3155316)が引き続き使われた。

電気系統

1963年12月末、オプションK66として初めてトランジス

ラジオはほとんど全ての車についた。受信障害を防ぐためシールドでカバーされるのでプラグコードは見えない。

ター点火装置が導入された。これは正確なタイミングで確実に火花を飛ばすので始動性が向上し、特に寒い季節にはメリットが大きかった。全てのコーヴェットが電子式の点火方式に変わるのはその11年後である。この装置の最大のメリットはメンテナンスフリーな点だが、メーカーはトップブラシを時々潤滑するよう勧めていた。

外から見るとデルコトロニック・ディストリビューターはごく一般的で、ただワイヤーが1本ではなく2本伸びていた。8枚の歯を切られたタイミングポールが磁性をもったピックアップ・アッセンブリー内部で回転するのだが、このユニットにはまだバキュームおよび遠心進角システムも残されており、専用コイル（1115176）を必要とした。高回転型のソリッドタペットエンジン2種のみに装着され、高速で火花を飛ばすので大いに威力を発揮した。365HP用が1111060、375HPフュエリー用が1111064だった。

初期型ではアンプは左前インナーフェンダースカートに、後期型ではラジエターコアサポート左前という涼しい位置にマウントされた。アンプは3個の基本となるトランジスター（1115005）を内蔵していた。このユニットに専用のワイアハーネスは、黒の布製テープで絶縁された（これ以外のワイアリングにはビニールテープが用いられた）。

1964年用オルタネーターには4種類あった。フロントケースにアンペア数、パーツナンバー、日付が打刻してある。詳細は以下の通り。エアコン、トランジスター点火なしは37amp/1100668。トランジスター点火は42amp/1100669。エアコン装備の場合は55amp/1100665。両方のオプションを備えている場合は60amp/1100684。ついているオプションによって、直径が異なる3種のメッキ処理をしたプーリーが用意された。なおオルタネーターファン（4枚のブレードはそれぞれ形が異なる）は黒の塗装が施された。

トランスミッション

標準のサギノー製3速トランスミッションは、1964年用に手直しを受けた。相変わらず鋳鉄製だが、鋳造ナンバーは3834197に改まった。テールハウジングはフロアシフトレバー用のマウントが鋳込まれたコーヴェット専用で、鋳造ナンバーは3819113と1963年から変わらなかった。シフトノブは前年の黒のプラスチック製から$1\frac{1}{2}$in（約38mm）のクロームメッキされた球形になった。1963年同様、標準トランスミッションを備えた車は1000台に満たない。以降

Original Corvette 1963-1967

4速に換装したオーナーが多く、今やオリジナルの3速を備えた車は希少だ。

　内部機構では、新しい3速はギアの幅が広くなり、ヘリックス角も深く切られていたので、静かになり耐久性も向上した。ギアレシオも1963年と比べるとわずかながらワイドになり、例えば2.47だったローギアは2.58になった。出力側のスプラインは27枚歯に変わった。相変わらずローギアにはシンクロがつかなかったので、走行中にローギアに落としたければ、ダブルクラッチを踏む必要があった。1963年から67年までのオーナーズマニュアルには、欠かさず"マニュアルトランスミッションのシフトダウン"という項目があり、詳しく説明されている。

　オプションのマンシー製4速MTも1963年中盤に導入されたままで、次の変更点を挙げられるのみだ。まずシフトレバーの造りが従来よりずっとしっかりした。約¾in(19mm)径、Tハンドルにつく後退ロック解除のロッドは63年型では側面に沿って走っていたのに対し、中に収納された。それまで黒のプラスチック製だったノブは、一回り大きくなり、クロームメッキが施された球形になった。レバーが一回り太くなったのでシフトブーツも設計変更を受け、その後1967年まで使われた。ベルハウジングの鋳造ナンバーが3858403になり、クラッチロッドとフォークを繋ぐリンクが改良され、作動が確実になった。またボールと受け口の代わりに割りピンが採用になった。

　パワーグライド2速ATも、出力シャフトを別にして変更はない。同シャフトはサギノー製と歩調を合わせて、1964年用は27枚歯(従来は16枚歯)になった。シフトノブがクロームメッキなのはMTと同じだ。

ホイールとタイア

　標準ホイールのホイールカバーのデザインが新しくなった。そのデザインは毎年変更になる。1964年版はステンレス製で9本のスロットが放射状に伸びており、3枚羽根のスピンナーが頂部に収まった。63年型より安っぽく見えるが、実際スペアとしてリストされている1967年のパーツカタログによると、63年型が16ドル25セントなのに対して13ドル80セントの値がついている。カバーから取り外せるスピンナーは1964年専用だ。

　この年ホイールカバーの仕上げには2種類あった。最初の7600台くらいまでは本体が磨き上げで、アウターリムが銀色に塗装されて梨地仕上げのような効果を生んでいた。これより以降は仕上げが逆で、ホイール部分が梨地仕上げ風、アウターリムが磨き上げだった。どのタイアとの組み合わせでもホイール自体は黒塗装だった。

　P48クイックテイクオフ・キャストアルミニウム・ホイールは、1963年にもオプションリストに載っていたが、これをつけて工場を後にした車は一台もないというのが専門家の一致した意見だ。15×6inのこのホイールはスチールホイールより½in(12.7mm)幅が広かった。当時GMのホイールはほぼ例外なくそうだったのだが、この"ノックオフ"ホイールもケルシー・ヘイズ製で、3個の主要部品から成り立っていた。まず最初の部品がネジ山の切られたアダプターで、丈の長い六角ホイールナットを用いてハブにボルト留めされる。この六角ナットはホイールを正しく位置決めして、アダプター上の5本あるドライブピンがホイール上のドライブ穴に当てはまるようにする。2番目の部品はホイールそのものだ。アルミ鋳造で36枚の放射状に伸びたフィンがスポークのように見える。フィンの外端部は磨き上げだが、残りの部分は鋳造したときの荒れた地肌のままだ。一方ホイール中央部は、クロームメッキのスチールコーンがカバーする。3番目の部品は3枚羽根のスピンナーだ。クロームメッキの鋳物で右ネジと左ネジがそれぞれある。羽根の1枚には、識別用に230LHあるいは230RHというマーキングがある。正しく装着すれば、ホイールが前進方向に回転すると、スピンナーの接平面より放射状に伸びた羽根によってホイールに締めこまれていく。

　P48はスペアを含めて5本セットで納車された。これと一緒に工具入れには、頭が鉛でできたハンマーが付属品としてついてきた。さらに1964年6月初旬からはグラブボックスに指示カードが貼られた。メーカーの良心を示すこのカードにはこう書いてある。「最初の800kmの間は160km毎に付属の鉛ハンマーで力をこめて8回叩きホイールを増し締めしてください」高速走行時ホイールが一つでも緩むな

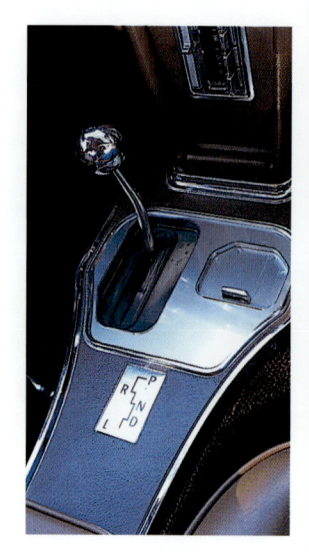

シフトコンソールは一体型のダイキャスト製になった。ATではジグザクのゲート間をレバーが行き来するタイプで、ノブを押すのではない。

64年初期型のホイールは写真のようにセンター部が磨き出し、リムも光沢仕上げだったが、後期型は中央部が梨地仕上げ、リムが光沢仕上げに変わった。

ど考えただけでもぞっとする。

新しい鋳造アルミホイールに手こずったシボレーは、64年初期型には採用できなかった。装着できるようになったのはようやく1963年の晩秋、車で5050台あたりからだ。主な問題はリムにチューブレスタイアを履かせるのに、完全にシールできない点にあった。ノーランド・アダムズによる『Complete Corvette Restoration and Technical Guide -Volume 2』という本のなかにこんなくだりがある。「10472という車の納車が遅れた。4本ともタイアからは空気が完全に抜けたまま工場の駐車場に置き去りにされていた。どうしてもシールができないのだ。この車は最後には納車されたが、チューブの入った箱が一緒に届けられた」

P48ノックオフホイールをつけてセントルイスを後にした64年型は806台に過ぎないのに、今では大多数の車がこれをつけているように見える。なにしろ極めて優秀な複製品が20年以上にわたって出回っているからだ。リム幅は心持ち狭く、内側にKelsey-Hayesのロゴがないので識別できる。最近の複製品はロールピンによるセイフティロックを取り入れてスピナーの緩みを防いでいる。優れた機構だが、路傍でのホイール交換ができなくなった。このホイールでレースに出場する際はスピナーの羽根の1枚にドリルで穴を穿ち、同じく穴を開けたホイールフィンとの間をロックワイアでつなぎ止めるのが常套手段だ。

P48がバネ下重量の軽減になるとお考えなら、それは誤解だ。アダプターの分だけスチールホイールよりずっと重いのである。タイアオプションは前年と同じだ。

サスペンションとステアリング

卓越したハンドリングはそのままに、乗り心地を改善するため、1964年にはバリアブルレートのコイルスプリングが新たにフロントに備わった。通常このスプリングにはコイルの一巻きにステッカーが貼ってあり、そこにパーツナンバーが書いてある。サスペンションに関する大きな変更点としてダンパーのセッティングが変わった。それと塗色が黒からグレーに変わった。リアダンパーも変更になったのは9000以降の車からだ。F40フロント／リアスペシャルサスペンションはL84燃料噴射、4速トランスミッション、ポジトラクションとのパッケージオプションだった。ヘビーデューティーなフロントサスペンション（3832518 EAのラベリングあり）、グレー塗装のダンパー（打刻3171488）が組み合わされた。フロントスタビライザーは標準の$\frac{3}{4}$in(19mm)に対して$\frac{15}{16}$in(23.8mm)径だった。F40ではリアのリーフは7枚のみ、ダンパーはやはりグレー塗装だった（打刻3171489）。

ブレーキ

1964年標準のブレーキに施された変更はほとんどない。マスターシリンダーのキャップ（鋳造ナンバー5464264）を固定するのは、従来の蝶ネジあるいはボルトではなく、ワイアクリップになった。パーキングブレーキの作動は、ケーブルをまっすぐバルクヘッドにまで導くプーリーを導入したことで確実になった。前年はアウターケーブルがステアリングボックスを通過していた。このケーブルのつながるレバーが中央部で、左右のリアブレーキ・アッセンブリーにいたるリアケーブルを引っ張る。20年来このパーキングブレーキは、ブレーキが故障した際、緊急ブレーキの役割を果たしてきたが、きっちりと車を止められる実力を持ったパーキングブレーキはこの年が最後になった。

1963年は、Z06スペシャルパフォーマンス・エクイプメントの一部としてしかつけられなかったスペシャルブレーキ・パッケージが独立して、J56という新しいオプションナンバーがついた。ただしコンポーネントそのものは同じだ。J65焼結メタリックブレーキも以前同様オプションで残った。1964年からこのアップグレードオプションにバキュームブースターを有償で追加できるようになった。

オプション

コード	品名	数量	重量(lb)	(kg)	価格
837	標準コーヴェット・スポートクーペ	8,304	—	—	$4,252.00
867	標準コーヴェット・コンバーチブル	13,925	—	—	$4,037.00
	標準327 250HPエンジン	3,262	—	—	—
	標準3速トランスミッション	715	—	—	—
	標準ビニールトリム	20,895	—	—	—
—	革張りシート	1,334	—	—	$80.70
A01	総ティンテッドグラス	6,031	—	—	$16.15
A02	ウィンドシールドのみティンテッドグラス	6,387	—	—	$10.80
A31	パワーウィンドー	3,706	—	—	$59.20
C07	ハードトップ(867のみ)*	7,023	8.0	3.6	$236.75
C48	ヒーター・デフロスター、削除オプション	60	−18.2	−8.3	−$100.00
C60	エアコンディショナー	1,988	104.2	47.3	$421.80
	クーペ	1,069			
	コンバーチブル	919			
F40	前後スペシャルサスペンション	82	—	—	$37.70
G81	ポジトラクション・リアアクスル(全レシオ)	18,279	—	—	$43.05
G91	スペシャル・ハイウェイアクスル	2,310	—	—	$2.20
J50	パワーブレーキ	2,270	10.6	4.8	$43.05
J56	特製焼結メタリックブレーキパッケージ	29	—	—	$629.50
J65	焼結メタリックブレーキ	4,780	—	—	$53.80
K66	トランジスターイグニッション	552	—	—	$75.35
L75	327 300HP エンジン	10,471	1.0	0.5	$53.80
L76	327 365HP エンジン	7,171	0.7	−3.9	$107.60
L84	327 375HP エンジン	1,325	8.8	4.0	$538.00
M20	4速マニュアルトランスミッション	19,034	—	—	$188.30
	ワイドレシオ(250HP／300HP)	10,538			
	クロスレシオ(365HP／375HP)	8,496			
M35	パワーグライドAT	2,480	23.3	10.6	$199.10
N03	グラスファイバー製36ガロン燃料タンク(837のみ)	38	9.8	4.4	$202.30
N11	オフロードエグゾースト	1,953	—	—	$37.70
N40	パワーアシスト・ステアリング	3,126	21.0	9.5	$73.35
P48	鋳造アルミ・クイックテイクオフ・ホイール	806	22.5	10.2	$322.80
P91	ブラックウォール・ナイロン・タイア	372	—	—	−$15.70
	6.70X15				
P92	ホワイトリボン・タイア 6.70X15	19,997	—	—	$31.85
T86	後退灯	11,085	—	—	$10.80
U69	AM／FMラジオ	20,934	—	—	$176.50

*ハードトップの重量はソフトトップとの差を示す。

ORIGINAL CORVETTE 1963-1967

1965年

スティング・レイの販売は発表後の2年間はとんとん拍子だった。だが初年度の63年型がまだ売られている最中から、来るべき年ごとの変更項目は綿密に計画されていた。コーヴェットはいまや押しも押されもしないシボレーの看板モデルだったから、3年目にあたる65年モデルへの変更は今までの延長線では済まされなかった。フォード・マスタングは巧妙な市場戦略で成功を収め、フォードは流行の先端を行く、乗って楽しい車を造るメーカーに変身した。同じGMのポンティアックGTOは、小ぶりのボディに対して大きめのエンジンを積んだ派手な車で、ティーンエイジの男の子の夢だった。またGTOは本格派マッスルカーの皮切りとなる車でもあった。高性能車を大量に生産する時代が幕を開けつつあった。コーヴェットも好調な販売に安閑としてはいられなくなったのだ。

この頃からコーヴェットは、二つの全く異なる市場セグメントにアピールするようになっていた。一つはヨーロッパ指向をますます強めつつある自動車専門誌のジャーナリストで、読者はその記事に大いに影響を受けた。こうした購買層が求めたのは優れたブレーキ、ハンドリング、高回転エンジン、そしてジャガーのような操縦席だった。もう一方は大通りで目立ちたいスポーツカーフリークだった。連中はクローム、直線での加速、大排気量を求めた。1965年モデルはこの二つの購買層を両方満足させる車だった。

ボディと外装

65年型のフロントはクリーンで力強い。グリルを黒一色の塗装にし、周囲を光沢のあるモールが囲んだ。ボンネットは凹凸のない1枚パネルになり、タイアが7.75×15と一回り大きくなったためだ。ノーズのエンブレムも新しくなり、交差した旗もやはり一回り大きくなった。

横から見ると、当時人気の高まりつつあったマグネシウムを模したホイールカバーが新しい。6個の開口部周辺をチャコールに塗装して、それらしく演出していた。ロッカートリムはすっきりとした磨き出しアルミパネルに変わり、窪んだ部分に黒のストライプが一筋走る。これと対照的なのが、左右フロントホイール背後に縦方向に3本切られた大胆なエアベントだ。開口部はもはやダミーではなく、今までで最強のエンジンが載せられることになっていた。

オプションのなかで外観上最もドラマチックな効果を上げたのが、N14サイドマウント・エグゾーストだ。ワイルドなイメージで本格派スポーツカーの名声を大いに高めた。ドア下のロッカーモールの位置につくサイドパイプは視覚的なインパクトがあり、大メーカーが考えるスポーツカー像を端的に表現したメッセージでもあった。これまで左右にエグゾーストパイプをサイドマウントした車を販売したメーカーは1社もなかった。高温になり音もうるさいと判断されたためだろう。しかしこのシステムは設計が巧みで、パイプと遮熱カバーの間に空気が通る空間を開けたことが功を奏し、表面温度を低く抑えられた。カバーに切られたスリットは見た目に魅力的なだけでなく、冷却風を通した。アリゾナの灼熱した太陽の下を一日走ってもカバーはボディ本体以上には熱くならない、メーカーはそう言い切った。

イギリス製スポーツカーに大きく後れをとったが、コーヴェットにも65年型からディスクブレーキが採用になった。これでようやくどんなライバルにも太刀打ちできるようになった。

寸法／重量

全長	4447.5mm
全幅	1767.8mm
全高	
スポートクーペ	1259.8mm
コンバーチブル	1264.9mm
ホイールベース	2489.2mm
トレッド	
フロント	1428.8mm
リア	1447.8mm
車重	
スポートクーペ	1422.0kg
コンバーチブル	1426.6kg

1965

グレン・グリーンはナッソー・ブルーに次いで2番目に人気のあるボディカラーだった。前輪後方の通風口はダミーではなくエンジンルームを通る空気をスムーズに流した。金色のラインが走るタイヤは1965年初めて登場した。

ORIGINAL CORVETTE 1963-1967

間もなく登場するアフターマーケットのものよりずっと温度が低く、安全なのは間違いない。ボディ下端部とサイドエグゾーストカバーとの空間は、幅の狭いシンプルなプレートが埋めた。マニュアルトランスミッションにのみ組み合わされたサイドパイプは工場オプションで、取りつけには前後のクォーターパネルに大々的な改造を要した。リアのロワーパネルに排気管の出る穴とベゼルはつかず、ロッカーパネル用のブラケットも省略される。

サイドパイプの場合、排気システム全体が改変された。左右バンクの鋳鉄マニフォールドからすらりと伸びた1本のパイプは、遮熱カバーに包まれた状態で、ほぼ全長にわたって車の外部に沿って走る。低回転域での音量はほぼ許容範囲内にあったが、ひとたびフルスロットルをくれるや、サウンドは文字通り爆発的にはじけ、そのノートは愛好家のハートを揺さぶった。排気口は下に向けて45度の角度がついていたから時に猛烈に埃を舞い上げた。

外観を大きく変えたもう一つのオプションがビッグブロックの新しいL78 396cu-in(6489cc)エンジンだ。これは丈が高く、既存のボンネット下には収まらなかったので、396には専用にパワーバルジが美しく盛り上がったものがデザインされた。だから最も強力なコーヴェットはフロントフェンダー上の旗が交差した"396ターボ・ジェット"エンブ

写真のコンバーチブルはオリジナルのホイールカバーをつけている。これまでのなかでは最もよいデザインだったが、70年代にワイドホイールが流行ったせいで何千という数が破棄されてしまった。一方、65年当時の装着率は5%以下だったのに、いまではアルミ製ノックオフホイールをつけた車が大半を占めている状況だ。複製品が普及したためである。(左)微妙なカーブを描くアッパーボディに映りこんだ上空の雲がうねっている。オーナーだけが知っているコーヴェットの魅力だ。

ガソリンフィラーキャップをカバーするリッド。65年のエンブレムはデザインが変わり、"リバースデコレート"という最新のプラスチック技術を用いている。注入口が巨大なので、ピットストップ中の給油が迅速にできた。日常の使用に際しては給油量が目で見てチェックできるのが便利だった。ガソリンがつなぎ目に達すると、タンクの半分まで給油したことになる。

1965

ドア下のロッカーモールは、65年にはすっきりしたデザインになった。オプションで全てのウィンドーをティンテッドガラスにすることもできたし、ウィンドシールドのみにすることもできた。ベージュのトップは1963～66年にのみつけられた。

ORIGINAL CORVETTE 1963-1967

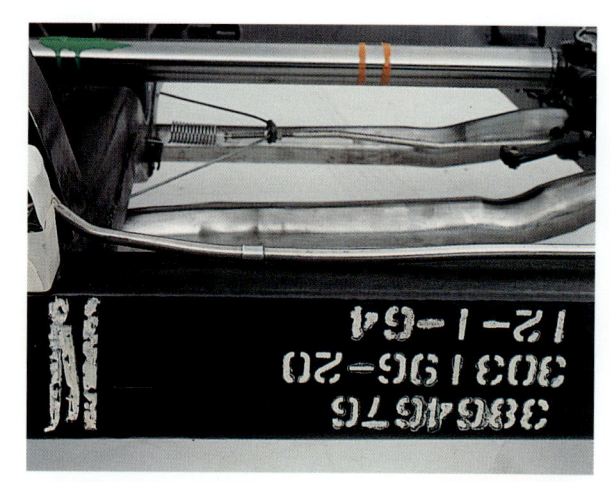

フレームは外注のA.O.スミス社から買いつけた。識別ナンバーと製造年月日がステンシルにて吹きつけてある。写真の場合は1964年12月1日、1965年モデルの生産が始まって4か月が経過したところだ。2½in（38mm）径のエグゾーストとパーキングブレーキ用ケーブルが見える。

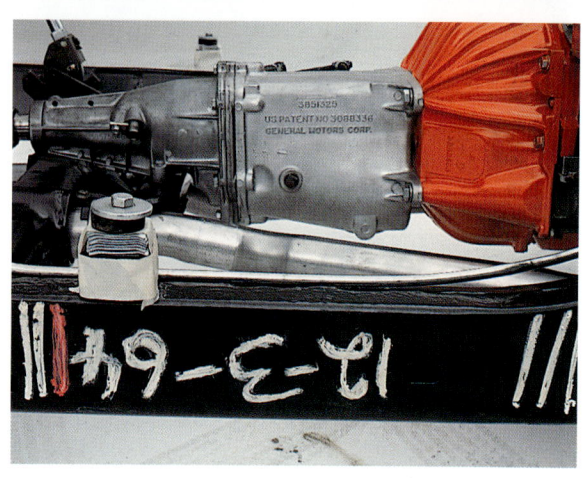

在庫から引き出された日付がクレヨンで記される。写真の場合は1964年12月3日。最終組み立てに回されるまえにシャシーはジグにて寸法をチェックされ、シムが必要な枚数だけテープで所定の箇所に貼りつけられる（写真に写っている）。クレヨンの縦線はシムの枚数を示す。マンシー4速トランスミッションが見える。

「雨が降ってきたらどうするんだ」コーヴェット・コンバーチブルのオーナーならだれでもよく聞かれる質問だ。降ろすと完全に隠れてしまうのだから、そう聞かれるのも無理はない。心配無用、瞬く間に上げることができた。メルセデス・ベンツを例外としてこの方式を他のメーカーが真似るのに35年以上を要した。それともGMは特許を持っていたのだろうか。

レムを確認するまでもなく、ボンネットの形でたちどころに見分けがついた。ボンネットのダクトはダミーではないが、実効をあげるには開口部が狭すぎた。このビッグブロック専用のボンネットは、その後1973年まで使われることになる。その73年には両方のエンジンを収納できるよう、ボンネットのデザインが新しくなった。

例によってリアを見ただけでは、どのエンジンが搭載されているかはわからない。1990年のZR-1にいたるまで、エンジンにまつわるエンブレムをリアにつけたのは57年の燃料噴射だけだ。

シャシー

シャシーもやはり前年型とは微妙に異なる。65年モデルが2、3台造られた後の1964年9月初頭、ステンシルされたフレームナンバーが3871317に変わった。A.O.スミス製は303196-20から306196-29のどれかに当てはまる。

フロントのクロスメンバーはプレス加工により窪みが設けられた。ビッグブロックは全長が長かったので、ロワードライブプーリーを収めるためだった。新しいN14サイドマウント・エグゾーストをつり下げるため、洋梨型の縦穴がサイドレール後部に開いた。サスペンションが極端にたわんだ際、新しいリアブレーキキャリパーが干渉しないよう、リアフレームレール側面をプレス加工して窪みが設けられた。そのフレーム自体トレーリングアームのフロントマウントがつくキックアップ部が強化されている。

内装

インテリアは骨太で簡潔、無用な装飾を廃したデザインに一変された。まずシートはこれまでは何本も細い畝が走っていたのだが、今度は座部の中央が大きな2つの面から、バックレストは3つの面から成り立っている。座部はクッションが厚くなり、掛け心地も快適になった。バックレストも一回り大きくなり厚さを増している。その上部後方は後ろに向かって一段と厚くなり、ドライバーの肩をし

カラー

コード	ボディ	数量	室内色コーディネーション
AA	Tuxedo Black	1191	Black, Blue, Green, Maroon, Red, Saddle, Silver, White
CC	Ermine White	2216	Black, Blue, Green, Maroon, Red, Saddle, Silver, White
FF	Nassau Blue	6022	Black, Blue, White
GG	Glen Green	3782	Black, Green, Saddle, White
MM	Milano Maroon	2831	Black, Maroon, Red, Saddle, White
QQ	Silver Pearl	2552	Black, Red, Silver
UU	Rally Red	3688	Black, Red, White
XX	Goldwood Yellow	1275	Black, White

シルバーとホワイトのシートとは各色あるダッシュ、カーペットと組み合わせが可能だった。スチール製ホイールは例外なく黒塗装。コンバーチブルの幌の色はブラック、ホワイト、ベージュから選べた。

1965

っかりとサポートした。シート裏側は真空成形の強度に優れたプラスチック製パネルがカバーしており、通風グリルが備わる。色は室内色に合わせている。クロームメッキの左右サイドモールは以前と変わらないが、クロームメッキの細いモールがシート上部にわたってサイドモールを結んで走り、リアカバー頂部を縁取った。

新しい大胆なドアパネルは一体成形部品で、ほんのわずかにえぐりがはいっており、アームレストが一体成形されている。各部は磨き上げのステンレス製トリムがアクセントとして取り巻いている。美しいドアトリムは技術的には悪くなかったのだが弱点があった。成形ビニールとポリウレタンフォームの裏側には、セルロース系パルプを圧縮した合板が用いられていた。もちろん湿気がしみこまないように透明ポリウレタンカバーが張ってはあったが、じきにドアのアウター側から湿気を吸い込み、2、3年もするとパネルは端から丸まって、ドアから剥がれ落ちてしまった。暖かで乾燥した気候では、圧縮パルプの裏地はまだもちがよかったが、その代わり薄っぺらいビニール表皮が縮んでひび割れ、剥がれ落ちた。結果はこちらの方が悲惨だった。初期型パネルもセルロース系の合板を使っていたが、こちらは強度も充分な平らな板だった。表面カバーは薄手のビニールとカーペット地を用いていたが、経年変化は少なかった。80年代、アフターマーケットの専門業者がこの問題に目をつけ、圧縮パルプではなく硬いポリプロピレン製の板でパネルを裏打ちする商品を売り出した。これに2、300ドル払えるオーナーにとってこの問題は解決した。

当時、フォームラバーを充填したパネルは、世界中のGM車に採用されていた。この問題は高価にして長期に安定した品質を保つべきコーヴェットの名前に傷をつけてしまった。アームレストを縁取るステンレス製のモールすら常にストレスが加わって、留め金具がいくらもしないうちに抜け落ちてしまった。運転するときドアは最初と最後に触れるパーツである。その造りに欠陥があってはならない。

新型パネルにはもう一つ問題があった。アームレストが一体成形されていたので、室内ドアハンドルとして兼用できなくなった。そこで別体のハンドルがずっと前方のヒンジ近くに設けられた。テコの原理の作用点と力点との距離が縮まり、以前より力をこめて引っ張らないと閉まらないのに、室内ドアハンドルの造りはちゃちだった。着色剤を混ぜたプラスチック成形部品にもかかわらず、内部に細い強化用スチールが1本通っているだけで、ハンドル自体を固定するのは細いネジ2本のみだった。これもいくらも使わぬうちに壊れた。この問題は1966年には解決したのだ

レストアが完了した1965年型365HP、4速マニュアルつきコンバーチブルのローリングシャシー。ボディの架装を待つばかりの状態だ。ペダルを据えるスペースを稼ぐため1963〜82年のエンジンとドライブトレーンは例外なく右に1in（25.4mm）オフセットしていた。この写真は注目すべきところが多い。細かいところではプロペラシャフトに描かれた重量バランスを示すマーキングが面白い。

ORIGINAL CORVETTE 1963-1967

ボディを取り外した1965年365HPコンバーチブルを前方から眺める。必要であればパーツはほとんど全て新品を購入できる。下の写真は396エンジン搭載のローリングシャシー。65年初登場のサイドパイプがついている。トナワンダ製ビッグブロックは一切のサブフレームを介在せずフレームに直に積まれる。

1965

65年型になってシートは一新され、背もたれが厚くなった。新しいメーターパネルはすっきりしたデザインだ。使わない時シートベルトのバックルを固定するクリップが備わった。

シート背後には小物を入れられるスペースが追加になり便利になった。ジャッキとホイールブレースはここにスプリングとフックにより固定される。オリジナルであるメゾナイト社製のリアスペースカバーには、ジャッキの使用方法とポジトラクションに関する注意書きが記されている。

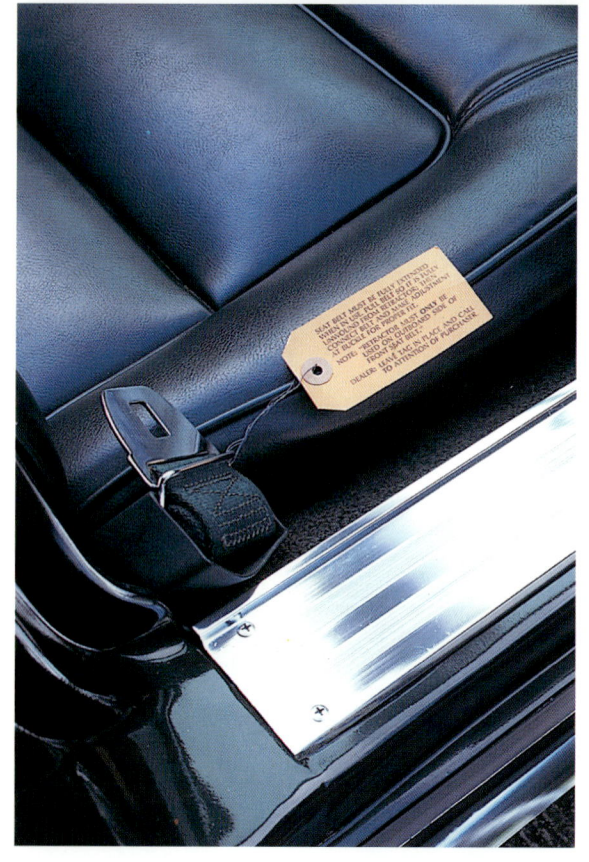

ORIGINAL CORVETTE 1963-1967

フォームラバーを充填したドアパネルの見栄えは新しいうちこそ素晴らしかったのだが、セルロース系パルプボード製の内張りが早々にだめになり、トリムがアームレストから剥がれ落ちた。ドアの室内ハンドルも強度不足だった。写真のドアは上左が電動ウィンドー、上右が手動。

小型のシートベルトリトラクター(左)は機能も申し分ない。新しいオーナーへの注意書きとして、リトラクターを完全にリリースした上でベルトをしっかりと調整するようにとタグに書いてある。グラブボックス(右)。その上がグリップハンドル、下がトリムとVINプレート。

標準の燃料タンク(左)はキャビン外部に備えられ、ボディを架装した状態で取り外しができた。オプションは伝説的なグラスファイバー製N03ビッグタンク(右)。沸点の低い特製ガソリンを、36ガロン(136ℓ)飲みこんだ。レース用に用意されたオプションだったが写真ではエアコン装備車についている。コンバーチブルにはつけられなかった。

1965

工場装着のエアコンはよく効いた。なにしろフルサイズ用ユニットで狭い2座を冷やしたのだから。コンプレッサーはバッテリーとオルタネーターをエンジンルーム左に追いやった。

ジャーナリストからの批判に応えて、65年型以降メーター周囲からシルバーの塗装が一切姿を消し、指針も真っ直ぐになった。これでメータークラスターは素晴らしくすっきりした。時計周囲のコンソールは、もはやビニール張りではない。

が、驚くべきはこの貧弱な65年型室内ドアハンドルが再び登場し、なおかつ1969～77年の9年間にわたって使われたことだ。しかもやはり物の役に立たなかった。

技術面の進歩が問題の解決に結びついた例もある。63-64年モデルのカーペットは、ずれやすくて使い勝手が悪かった。ストレートアクスルの床は平らだったので特に問題にはならなかったのだが、スティング・レイのフットウェルは深く、八方めくれ上がったカーペットではいかにも収まりが悪かった。しかしプレス熱成形がこれを解決した。この技術はリアホイールアーチ部にも用いられた。

巻き取り式シートベルトが登場するまで、過渡的な手段としてドア側ベルトに長さ調整装置が備わった。これは内蔵式のリールに比べて構造が簡単で壊れにくかった。

計器と操作系統

65年の計器は完全に一新された。デザイン優先の深い円錐盤面とクランク状に折れ曲がった針は、単純な黒い盤面になり、室内は常識的なデザインへ近づいたが、上質になった。細かなコントロールノブも変更になった。

イグニッションキーがないとエンジンが始動できなくなったのも、この年が初めてである。これまではイグニッションスイッチのポジションを"オン"と"ロック"の間の"オ

Original Corvette 1963-1967

チーク材を用いたホイールは贅沢なオプション。写真では新登場のオプションである、N36テレスコピック調整可能ステアリングコラムと組み合わされている。ちなみにチークホイールは現在複製品が手頃な値段で手に入る。

フ"にしたまま、ロック前部の突起で始動できたのだ。自動車の盗難が日常茶飯事となったため、ロックは平面タイプになり、必ずキーを必要とした。

4速トランスミッション(M20)はギアシフトのストロークが変えられるようになった。トランスミッション側レバーにいくつかの穴を開け、そのなかから選べるようにしたのだ。1-2速と3-4速シフトロッドを支点に近い穴に移動すると、ストロークが短くなり、素早いシフトができるようになった。こうするとレバーの動きが重くなりすぎるが、レースドライバーには最適だろう。

M35パワーグライドATはスタッガード式に代わり、シフトレバーが直線的に動く押しボタンつきになった。コンソールのインジケータープレートもデザインが変わった。

1963年以来、ステアリングコラムはわずかながら調整がきいたが、65年からオプションN36テレスコピックコラムが提供されるようになった。ホーンリングの下、突起が6個ついたリングにより3in(76.2mm)調整できた。このためシボレーのマークを赤、白、青で取り囲むホーンリングは一回り小さくなった。このエンブレムはおそらくシボレーの他のモデルからの流用品だと思われる。

1964年にはウォールナット調のプラスチック製ステアリングホイールしか用意されなかったのだが、わずか48ドル45セントで本物のチーク材を用いた美しいステアリング(オプションN32)が手に入るようになった。

エンジン

425HP 396cu-in(6490cc)ビッグブロックが65年に登場するとはだれも予想していなかっただけに、大きな反響を呼んだ。このオプションL78を積んだコーヴェットは、マッスルカーという強力なライバル群のなかでも一気に先頭に出ることになった。もっともこのエンジンが市場にでたのはようやく1965年の3月中旬だったから、ニューモデルイヤーは次のラインアップでスタートを切った。まず1964年からの繰り越しである4種のエンジン、すなわち標準の250HP、L75 300HP、L76ソリッドタペット365HP、そしてL84燃料噴射だ。前年型と比べてどれもごく細かい所が変わったにすぎない。オプションエンジンには、もう1種スモールブロックL79 327-350が追加になった。

327エンジンは全て、ヘッドの鋳造ナンバー3782461もブロックの鋳造ナンバー3782870も前年型を引き継いだ。ただしこの年、鋳造ナンバー3858180のブロックと組み合わされた327エンジンがあることが今日知られている。このブロックはシリンダーウォールが薄く、ウォータージャケットの容量が大きい。エアクリーナー、バルブカバー、吸入マニフォールドに変更はない。

この年に限って車両のシリアルナンバーが燃料噴射のプレナム後部にも打刻されたので、マッチングナンバーを確認する拠り所が1箇所増えた。ただロチェスター製燃料噴射が使われたのは残念ながらこの年が最後だった。この燃料噴射は新登場の425HP 396よりほぼ2倍も高価で、逆に紙の上では馬力が50HPも低いのだから割高感が強く、事実1965年にこのエンジンを積んだ車は771台しか売れなかった。目も覚めるようなレスポンシブなエンジンなのに、客観的な根拠もなく、あのエンジンはよく壊れるという風

出力の低いスモールブロックは65年型にも継承されたが、ツインシュノーケルタイプのエアクリーナーとカーターのキャブレターが使われたのはこの年が最後だった。

Original Corvette 1963-1967

350HPと365HPスモールブロックエンジン（写真は365）。アルミ製吸入マニフォールドとバルブカバーが備わる。エアクリーナーは後部開口型。写真のエンジンはエアコンとパワーブレーキつきで、後者は二重回路になった。

識別コード

エンジンブロック鋳造ナンバー
327 cu-in　3782870（3858180の場合もありえる）
396 cu-in　3855962

打刻されたエンジンナンバーの頭文字
HE　250HP　WCFB 4B キャブレター マニュアル
HO　250HP　WCFB 4B キャブレター AT
HI　250HP　WCFB 4B キャブレター マニュアル、AC
HQ　250HP　WCFB 4B キャブレター AT、AC
HF　300HP　AFB 4B キャブレター マニュアル
HP　300HP　AFB 4B キャブレター AT
HJ　300HP　AFB 4B キャブレター マニュアル、AC
HR　300HP　AFB 4B キャブレター AT、AC
HT　350HP　ホーリー 4B キャブレター スペシャル・ハイパフォーマンス・マニュアル
HU　350HP　ホーリー 4B キャブレター スペシャル・ハイパフォーマンス・マニュアル、AC
HV　350HP　ホーリー 4B キャブレター スペシャル・ハイパフォーマンス・マニュアル、TI
HW　350HP　ホーリー 4B キャブレター スペシャル・ハイパフォーマンス・マニュアル、AC、TI
HH　365HP　ホーリー 4B キャブレター ソリッドタペット マニュアル
HK　365HP　ホーリー 4B キャブレター ソリッドタペット マニュアル、TI
HL　365HP　ホーリー 4B キャブレター ソリッドタペット マニュアル、AC
HM　365HP　ホーリー 4B キャブレター ソリッドタペット マニュアル、AC、TI
HG　375HP　燃料噴射 マニュアル
HN　375HP　燃料噴射 マニュアル、TI
IF　425HP　ホーリー 4B キャブレター、TI

シャシーナンバー
194375S100001から194375S123562（コンバーチブルの場合4桁目は6になる）

磨き上げられた1965年型365HP 327cu-in（5358cc）エンジン。

評だけが一人歩きしたためだ。今日の目から見ると当時の燃料噴射は驚くほど構造が単純だ。ディスクブレーキの採用と相まって65年型はクラシック・コーヴェットのなかでも最も望ましい一台となっている。

L79 327 350HP：既存のコンポーネントを組み換えることで、非常に高性能なオプションエンジンが生まれた。やがて最高の人気を博することになるスモールブロックL79 327-350だ。新しい油圧タペットカム（パーツナンバー3863151、鋳造ナンバー3863152）を、365HP用のビッグバルブ、11.0：1の鍛造ピストン、4150ホーリー・タイプ2818Aキャブレターへと組み合わせることで、タペット音をたてず、活気に溢れ、どんなにブン回しても壊れないエンジンができた。しかも365のように頻繁な調整を要さなかった。事実燃料噴射ともども365はこの年を最後にカタログから落とされ、ソリッドタペット・スモールブロックの時代は1970年に復活するまでいったん幕を閉じることになる。

　鋳造ナンバーは7桁もあって覚えにくいので、愛好家達は下3桁で呼ぶのが長い間の習わしだった。"870"のシリンダーブロック、L79の場合なら"151"のカムシャフトという具合だ。この"151"はダントフ・カムの油圧版でバルブが開

ORIGINAL CORVETTE 1963-1967

いている時間が長く、リフト量が小さいのが特徴だ。

このエンジンに限ってタコメーターのレッドラインは6500rpmに記されている。アイドリングこそやや不安定だが、L79は3000rpmに向かうにつれ俄然本領を発揮しはじめ、レッドラインまで極めてスムーズに吹け上がる。レッドラインに達すると油圧タペットが反応して、オーバーレブを防いでくれる。適正なパワーバンドに保つため2.20：1のクロスレシオ・マンシー・トランスミッションとローギアードな3.70：1のファイナルとのみ組み合わされた。オプション価格は107ドル50セントに過ぎなかったから、このユニットはお買い得だった。本来ならこれより安くてトルクもたっぷりした300HP L75の方が相応しい顧客までもが大勢このエンジンを選んだ。

L78 396 ビッグブロック 425HP：1965年3月に、396cu-in（6490cc）425HPビッグブロックがカタログに加わって、オプションエンジンの数は5種に増えた。1957年の発売以来、5種類ものオプションエンジンが用意されたのはこの年が初めてだった。このエンジンは325HPにデューンさ

れてフルサイズのインパラに積まれ、375HP版はコンパクトのシェヴェルに搭載されZ16限定版として販売された。コーヴェットがビッグブロックを積むことができたのは、他モデルがこのエンジンを大量に売ってくれたおかげだ。

社内呼称"マークⅣビッグブロック"と呼ばれるこのエンジンの先祖をたどると、1958年発表の348-409cu-in（6702cc）、Wブロック・ファミリーにたどりつく。74°という珍しいVバンク角が特徴のエンジンだった。当時から348はフルサイズ・シボレー用の高性能オプションだった。この血筋を受け継ぐのが1961年に登場する新しい409で、これから派生したのが427 Z11だ。これはモンスター級のWエンジンで、デュアル・4バレル・キャブレターとエアダクト、異例に高い13.5：1の圧縮比という仕様で2ドアのインパラに搭載された。Z11エンジンは公表値430HPをはるかに上回るパワーを発揮していたのは間違いなく、ドラッグレースに照準を合わせたユニットだった。しかしコーヴェットにZ11が採用された例は一度もない。ゾーラ・アーカス・ダントフは賢明にも軽量、高回転エンジンを選んだからだ。

ここで話は1963年にさかのぼる。この年のデイトナに照

（左）365HPエンジンを後方から見る。ラジオの受信障害を防ぐイグニッションシールドはそれ自体美しいパーツだ。コーヴェットには鋼鉄製のバルクヘッドがなかったためこれが必要だった。

（右）サイドビューに見るパワーブレーキ・マスターシリンダー、ステアリングボックスとクラッチ機構に注意。

396ビッグブロックのたっぷりスペースのとられたバルブカバーの下には"ポーキュパイン"バルブメカニズムが隠れている。396を収容するのに必要なフレームの改造はフロントのクロスメンバーのみで65年以降のフレームは全てモディファイされた。ディストリビューターとベルハウジングはスモールブロック用と互換性がある。

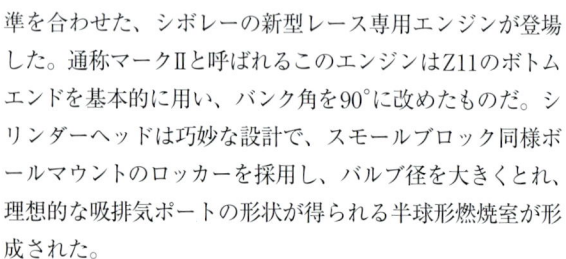

ORIGINAL CORVETTE 1963-1967

準を合わせた、シボレーの新型レース専用エンジンが登場した。通称マークIIと呼ばれるこのエンジンはZ11のボトムエンドを基本的に用い、バンク角を90°に改めたものだ。シリンダーヘッドは巧妙な設計で、スモールブロック同様ボールマウントのロッカーを採用し、バルブ径を大きくとれ、理想的な吸排気ポートの形状が得られる半球形燃焼室が形成された。

1957年のこと、天井知らずに高騰する費用と、ブランドイメージへの配慮から、ビッグ3はAMA（自動車製造者協会）の名のもと、レースのバックアップ中止に合意した。ベテランのGM経営陣なら今でも当時の様子を覚えている。こうして"得体の知れない"マークIIエンジンは棚上げされたのだが、表向きの合意とは裏腹に、このエンジンの開発は着々と進み、GMが自社内で規定した最大排気量である400cu-in（6555cc）にまでダウンサイズされる。その後2年足らずのうちにこのエンジンはニューヨーク州トナワンダ工場で生産化に漕ぎつく。Wエンジンに取って代わる高性能エンジンの誕生だった。

ブロック（鋳造ナンバーは3855962）のボアは$4\frac{3}{32}$in（104mm）、4本のボルトで留めるメインベアリングキャップが採用され、鍛造スチールクランクシャフト（3856223）を支持した。ストロークは$3\frac{49}{64}$in（95.6mm）だったから相当なオーバースクエアだ。頂部には黒く塗装された恰好の悪いオープンエレメントが備わった。14in（356mm）径のエアクリーナーは、AC製A212CWエレメントを内蔵していた。キャブレターは燃料ラインを2本持つ4150ホーリーR3124A、アルミ製吸入マニフォールドの鋳造ナンバーは3866963だった。

バルブカバーは実用一点張りで、クロームは施されず、エンジンカラーに塗装された。専用の三角形をしたワッシャーを噛ませた上で、ボルト7本で固定した。ロッカーのボールピボットを潤滑するため、左右カバー裏側にはパイプが数本スポット溶接されていた。このパイプにオイルの霧が当たると雫となって各ロッカーに直接滴下される。この溶接部分は、カバーを表側から見ると窪みになっている例が多い。プラグコード・セパレーターをマウントするため、左右カバー外側にはクリップがスポット溶接された。また左カバー後部はブレーキブースターが収まる形状をしていた（ブースターなしの車でも形状は同じ）。1963～67年の327はオイルセパレーターが吸入マニフォールドにあり、クランクケースの換気もここを通して行ったのに対し、396ではオイルセパレーターはバルブカバー上に移り、クランクケース換気も同カバーを通して行った。そのバルブカバーは今回初めて左右が専用のパーツとなった。

ビッグブロックの細部を見る。エンジンコードとVINから取ったシリアルナンバー（上左）は、右シリンダーヘッド前の台座に打刻される。エクストラクター型の鋳鉄排気マニフォールド（上右）は$2\frac{1}{2}$in（63.5mm）径の排気系へと繋がる。頂部が黒いエアクリーナーを採用したのは、1965年型では396のみ（下）。

シリンダーヘッドの鋳造ナンバーは3856208、吸入バルブは2.19in（55.6mm）、排気バルブは1.72in（43.7mm）とすこぶる大径だった。一回り小さい"オーバル"吸入ポートに対し、このシリンダーヘッドは"スクエア"な形をしていた。その後、由緒正しい高性能エンジンの象徴となっていく、"スクエア"ヘッドを採用した最初のエンジンがL78だ。吸入マニフォールドの左前にマウントされるようになったので、温度センサー取り付け穴はヘッドにはない。そのヘッドには、スパークプラグ用の遮熱板を取りつけるためのネジ山が切られており、左右1本ずつの六角ボルトで固定される。

カムシャフト（鋳造ナンバー3863144）はソリッドタペットを採用している。ビッグブロックではロッカースタッドがオフセットしているため、吸入 $8\frac{7}{32}$ in（208.8mm）、排気 $9\frac{3}{16}$ in（233.4mm）とプッシュロッドの長さが異なる。ビッグブロックのロッカーが壊れるのはそう珍しくなく、このためプッシュロッドが曲がってしまうこともある。だから慣れた愛好家は、スペアとして吸排気プッシュロッドを1本ずつ、ロッカーを1つ、レンチを2本パックにして用意している。ロッカー、プッシュロッドともに簡単に交換できる。バルブトレーンの調整はエンジンを回して行うのがベストで、整備マニュアルでもこの方法を勧めている。

327と比べてクランクシャフトのスプロケットの歯は1枚多い19枚なので、カムスプロケットは38枚歯だ。バランスシャフトは8in径（203.2mm）、396と後期の427エンジンでは内部の固有バランスが優れているので、カウンターウェイトはない。

排気マニフォールド（鋳造ナンバーは左3856301、右3856302）は排気ガスがスムーズに流れるよう設計されており、複雑な形をした鋳造部品により左右別個に流れた排ガスは、3本のスタッドを用いて $2\frac{1}{2}$ in（63.5mm）径のアウトレット部にて一つにまとまる。スモールブロックのマニフォールド同様、ヘッドにはもともとガスケットはつかない。しかし今のリビルドセットの中には、せっかくガスケットも入っているので、33年物のマニフォールドが新品同様の気密性を保つために、ガスケットを使わない手はない。同じことは高価な再生エンジンにもあてはまる。

冷却系統

スモールブロックのラジエターは、従来通りハリソン製アルミユニットで変更はない（パーツナンバー3155316）。

一方396の冷却系統は当然ながら全くの新型だ。ウォーターポンプの鋳造ナンバーは3856284。温風送風通路と干渉しないように、かたつむり型のクーラントアウトレットには水温センサーをクリアーするように、$\frac{1}{2}$ in（12.7mm）厚のアルミスペーサーが挿入してある。アルミ製ラジエターは327用より2in（50.8mm）幅が広く専用のステーを必要とし、プラスチック製のシュラウドが2個ついた。冷却ファンは17in（432mm）径でファンクラッチによって回転はコントロールされる。バイパスホースは $\frac{3}{4}$ in（19mm）径だ。

このエンジンを収めると、エンジンルームにはほとんど空間が残らず、ラジエターを通る冷却風の流れは理想とは程遠かった。新車のうちは充分に冷えるのだが、数年走り込んでウォータージャケットとラジエター内部に不純物が溜まると、熱歪みによるホーリーの気密不良が発生し、さらにディストリビューターとカムが磨耗すると、メーカー推奨のアイドルスピード700rpm以下ではアイドリングが不安定になり、ちょっとした渋滞でも冷却水がたちまち沸騰した。

電気系統

1965年のオルタネーターは4種類でフロントケースにアンペア数、パーツナンバー、日付が打刻してある。明細は以下の通り。エアコンもトランジスター点火もない場合は37amp/1100693、トランジスター点火の場合は42amp/1100696、エアコンつきの場合は55amp/1100694、両方を備える場合は60amp/1100697。L78 396エンジンではバッテリーはエンジンルーム左側に移動し、左前輪背後に専用のアクセスパネルがついた。エアコン装着車の配置と同じだ。396/425HPビッグブロックには、他モデルではオプションのトランジスター点火が必ず装着された。

この年初めて電動アンテナが登場した。U69 AM/FMラジオとのセットで、価格は26ドル90セントと高価だった。ただ1967年に電動アンテナが廃止されたとき、U69の価格は、電動アンテナがなかった1964年当時よりむしろわずかに安くなったのは興味深い。

今まで単独オプションだった後退灯は、昼夜切り換え式の室内ミラーとのパッケージオプションになった。65年に限ってこのオプションナンバーZ01には、"コンフォート＆コンビニエンス・グループ"という名前がついたが、中身のお粗末なオプション名だ。なお後退灯が内側テールライトの位置につくのは従来同様だ。

トランスミッション

3速サギノートランスミッションは標準ユニットとして残ったが、標準の250HPエンジンとのみ組み合わされた。4速オプションにはレシオに関係なく、M20という共通のRPOナンバーがあてがわれた。ちなみに翌年からは別個のナンバーとなる。4速にするとエンジンとの組み合わせでレシオが決まった。標準およびL75エンジンにはワイドレシオが、これよりパワーのあるエンジンにはクロスレシオが組み合わされたが、当を得た組み合わせだった。

1965年モデルには非常に少数ながら、M22"ロック・クラッシャー"4速ヘビーデューティー・トランスミッションがメーカーにて組まれた車があると思われる。これは1966年には正式なオプションとしてカタログに載った。

ORIGINAL CORVETTE 1963-1967

M35パワーグライドATのシフトレバーは一回り太くなり、スタッガードゲート式から、ボタン操作になった。このレバーは従来トランスミッションのテールハウジングに直結していたのだが、この年からフロアにマウントされるようになった。これでレバーは駆動系から分離されたわけで、車内の騒音レベルも高速時シフトレバーが発する振動音も低くなった。65年初期型のシフトノブ頂部には小さなボタンがついていた。

ホイールとタイア

標準装備のホイールは新しくなったが、見た目には前年型と同じようだった。ケルシー・ヘイズ製で、サイズ15×5 1/2 JKが打刻してあり、中央には2.783in(70.7mm)の穴が開いていた。新しいディスクブレーキのキャリパーと干渉しないように、リムの内径は12.648in(321.2mm)から13.156in(334.2mm)へと一回り大きくなった。

新型ホイールカバーにはスロットが6つ切ってあり、"マグネシウム"風に周囲をチャコールで塗装してあった。この年から装飾を施したスピナーが金属製からプラスチック製になった。オプションのP48鋳造アルミホイールも以前同様カタログに載っていたが、スポークの間が濃い灰色に塗装されるようになった。

1953年の誕生以降初めてタイアサイズが大きくなり、7.75×15となった。ブラックウォールの代わりにホワイトリボンも選べた。ちなみにリボンの幅は1in(25.4mm)だ。いまでも優れた複製品が手に入る。タイアは大手メーカー5社全てが供給し、NCRSが調べたところ以下からどれでも選

マンシー4速トランスミッション(上左)はメインケース後ろ頂部のボルトと突起により識別できる。マンシーのシフトレバー(上右)は手になじむ美しいクローム製となった。工作もよければ作動フィールにも文句のつけようがない逸品だったが、アフターマーケットの代替え品に取って代わられる場合が多かった。

鋳鉄デフケースはゴムの緩衝材を持つクロスメンバーにボルト留めされる。ドライブシャフトと頑丈なロッドがアッパーとロワーのリンクを形成する。レシオは3.08：1から4.56：1の間で選べた。

スペアホイールはどの年も燃料タンクの下に収納された。ホイールブレースをレバーとして下に下げる。大径ラジアルタイアをこのスペースに収めようとすると苦労する場合がある。

1965年タイヤサイズは7.75×15に大きくなった。金色のラインは暗い色のボディカラーによく映える。標準ホイールの3枚羽根スピナーは毎年デザインが違う。ノックオフホイールではフィンの間がチャコールで塗装されるようになった。

べた。ファイアストーン・デラックス・チャンピオン、B.F.グッドリッチ・シルバータウン660ないしは770。U.S.ロイヤル・ラレード。ジェネラル・ジェットエアII、グッドイヤー・パワー・クッション。オプションで金色のラインが入るのは(RPO T01)ファイアストーン・スーパー・スポートとグッドイヤー・パワー・クッションだった。

サスペンションとステアリング

カタログではエンジン単体重量は36kg重いだけと謳っていたが、ビッグブロックエンジンは車に搭載するとスモールブロックよりおよそ90kg重かった。大型ウォーターポンプ、巨大な吸排気マニフォールド、大型ラジエター、重いサスペンションなどの相乗効果で重量が嵩んだのだ。

ビッグブロックでは、フロントスタビライザー径が$7/8$in(22.2mm)へと太くなり、スプリングも新しくなった(3888250、コードEB)。一方ダンパー(3186906)はスモールブロックと共用だった。396にはパワーステアリングがオプションで用意された。駆動ポンプにはプーリーが2枚つき、フロント側はエンジンによって駆動され、リア側はオルタネーターを駆動した。このめずらしい間接配置は非常にうま

オプション

コード	品名	数量	重量(lb)	(kg)	価格	コード	品名	数量	重量(lb)	(kg)	価格
19437	標準コーヴェット・スポートクーペ	8196	—	—	$4,233.00	L75	327 300HP エンジン	8358	−13.7	−6.2	$53.80
19467	標準コーヴェット・コンバーチブル	15376	—	—	$4,022.00	L76	327 365HP エンジン	5011			$129.15
	標準327 250HP エンジン	1482	—	—		L78	396 425HP エンジン	2157	200	90.7	$292.70
	標準3速トランスミッション	404	—	—		L79	327 350HP エンジン	4716	—	—	$107.60
	標準ビニールトリム	21434	—	—		L84	327 375HP エンジン	771	24	10.9	$538.00
—	革張りシート	2128			$80.70	M20	4速マニュアルトランスミッション	21107	—	—	$188.30
A01	総ティンテッドグラス	8752			$16.15	M35	パワーグライドAT	2021	28.4	12.9	$199.10
A02	ウィンドシールドのみティンテッドグラス	7624			$10.80	N03	グラスファイバー製36ガロン燃料タンク(19437のみ)	41	8.1	3.7	$202.30
A31	パワーウィンドー	3809			$59.20	N11	オフロードエグゾースト	2468			$37.70
C07	ハードトップ(19467のみ)*	7787	8	3.6	$236.75	N14	サイドマウント・エグゾースト	759			$134.50
C48	ヒーター・デフロスター、削除オプション	39	−19	−8.6	−$100.00	N40	パワーアシスト・ステアリング	3236	21	9.5	$96.85
C60	エアコンディショナー	2423	79.3	36	$421.80	P48	鋳造アルミ・クイックテイクオフ・ホイール	1116	28.7	13	$322.80
	クーペ	1151				P91	ブラックウォール・ナイロン・タイヤ 7.75X15	168			$15.70
	コンバーチブル	872				P92	ホワイトリボン・タイヤ 7.75×15	19300			$31.85
F40	前後スペシャルサスペンション	975			$37.70	T01	ゴールドライン・タイヤ 7.75×15	989			$50.15
G81	ポジトラクション・リアアクスル(全レシオ)	19965			$43.05	U69	AM／FMラジオ	20934			$176.50
G91	スペシャル・ハイウェイアクスル	1886			$2.20	Z01	コンフォート&コンビニエンス・グループ	15397			$16.15
J50	パワーブレーキ	4044	9.4	4.3	$43.05						
J61	ドラムブレーキを特注した際の割り戻し金	316			−$64.50						
K66	トランジスターイグニッション	3686			$75.35						

*ハードトップの重量はソフトトップとの差を示す。ソフトトップをつけた際の重量増は58.4lb(26.5kg)。

ORIGINAL CORVETTE 1963-1967

く働いたので、ビッグブロックが搭載された10年の間まったく変更なく使われた。

396の増えた車重は主に前輪にかかったので、このモデル専用に施されたリア側の変更は、$9/16$in (14.3mm) 径のスタビライザーがつくようになったことと、ドライブシャフトのグレードがあがったことの2点に過ぎない。スタビライザーはラバーブッシュを挿入したリンクにより、トレーリングアームへと連結される。そのトレーリングアームにはブラケットがつけられるようにドリル穴が開く。一方スモールブロック車にはドリル穴はない。396の増大したトルクに対応するため、ドライブシャフトはSAE4240鋼を素材として造られ、金属疲労による破損を防ぐためショットピーニング加工を施される。ユニバーサルジョイントにも同じ加工が施された。いま述べたパーツには組み立てラインで見分けやすく、組み合わせを間違えないように、緑のペイントがさっと一吹きされていた。Uボルトではなく、強度に優れるスチールキャップと六角ボルトがドライブシャフトをデフ出力ヨークに固定した。

65年モデルに例外なく施された変更箇所はトレーリングアームで、パーキングブレーキケーブルのアウタースリーブ両端を保持するためのブラケットが追加された。

F40前後サスペンションは、396と327燃料噴射L84にのみ装着できた。F40を注文すると、同じコンポーネント（64年から変更なし）がエンジンに関係なく用いられた。

ブレーキ

1965年で最も重要な改良点は、4輪にディスクブレーキがついたことである。従来型のドラムブレーキも注文可能で、その場合には64ドル50セント安くなった。あえてドラムを選んだ顧客は、65モデルイヤーのなかで316人いた。

新しい全輪ディスクブレーキはまさに福音だった。信じられないほど強力なだけではない。高速からの停止を何度繰り返しても音をあげず、効き方がプログレッシブだった。当時の最高の技術水準で設計され、性能に妥協はなかった。

大きな摺動面積をもつパッドに均一に負荷が分散するよう、キャリパーは左右2個ずつの4ピストンで、頑丈に固定されていた。対照的に今日の車は、大抵ピストンは片側のみで、それを補正するため面倒なスライドマウント方式を採用している例が多い。ピストン径はフロントが$1 7/8$in (47.6mm)、リアが$1 3/8$in (34.9mm)で、前後ブレーキバランスは65／35だった。材質にプラスチックが混ざったインシュレーターがおのおのピストンにネジ留めされ、灼熱

フロントサスペンションとディスクブレーキ。コスト削減のためハブとアッパーAアームはフルサイズシボレーからの借り物だ。こうした努力のすえ、金のかかる独立リアサスペンションを採用することができたのだ。

リアサスペンションとディスクブレーキ。大きな特徴はトレーリングアームと横置きスプリング。後者はよく機能しスペースもとらなかった。スティング・レイに錆が発生するときは、大抵トレーリングアームの支持点があるフレーム部から始まった。パーキングブレーキはブレーキディスクの突起した部分に収まる。

したパッドからブレーキオイルに熱が伝播するのを防いだ。ピストンが捩じれないように、特にワンタッチで取り外しのできるパッドを交換する際、捩じれの原因を作らないように、おのおのキャリパーボアに組みこまれたガイドがピストンのテール部と結合するようになっていた。内部での圧力分布が適切なため、外部の圧力フィードは一箇所のみだった。一方、左右リアキャリパーにはブリードスクリューが2個ついていた。

ディスクはベンチレーテッド、1 1/4 in(31.8mm)厚で、径は11 1/2 in(292.1mm)だった。フロントとリアはわずかながらオフセット量が異なるため、前後間の互換性はない。

標準マスターシリンダーはベンディックス製、鋳造ナンバー2225032は裏側にある。ボアは1in(25.4mm)径、アウトレットはシングルだ。J50パワーブレーキマスターシリンダーのボアもやはり1in径だが、2重回路だった。デルコ・モレーン製で、2個のねじ込み式透明プラスチックキャップから充填する。J50バキュームブースターはカドミウム・ニクロム酸塩により表面加工される。バキュームは吸入マニフォールドから取る。バキュームブースターにはパーツナンバーの下4桁が打刻してある(7011)。

パーキングブレーキとして、ケーブル作動ドラムタイプの小型ブレーキが、左右リアディスクのセンターオフセットに組み込まれた。調整はスターホイールを用いて行う。

キャリパーには一つ奇妙な特性がある。外観は染み一つないのに完全に空気を抜ききれない場合があるのだ。ペダルが"硬く"なったら間違いなく数キロも走らないうちに床まで踏み抜けてしまう。シール性能はまだ充分にあり、オイル漏れのない状態であっても、ブレーキペダルを踏み終えて元の位置に戻る動きをするたびに、シールを通して外気が吸いこまれてしまうのだ。この故障が起こるとリザーバー内のブレーキオイルレベルが上がる。1976年頃にステンレスのスリーブがついた交換用キャリパーが考案されてオーナーは胸をなで下ろした。

ディスク背後に隠れており、定期点検では決して見つからない位置にあるパーキングブレーキと作動レバーは急速に腐食する。しかもその位置決めは薄っぺらいダストカバーに開けられたスロットに委ねられている始末だ。ここでもステンレス製のメカニズムが問題をきれいに解決してくれた。それにしても、たった6.5in(165mm)径のドラムブレーキを非常用ブレーキとして使わざるをえないとすれば、本当の非常事態は避けられようはずもない。

Original Corvette 1963-1967

1966年

スティング・レイは1966年、最良の年を迎えることになる。販売台数はブームを呼んだ1962年のほぼ2倍にあたる、史上最高の2万7720台に達した。

エンジンのオプション数は5基から3基に間引かれた。姿を消したのはマナーの良かった250HP 327と、その騒々しいソリッドタペットバージョンであるキャブレターの365HP、そして燃料噴射の375HPだ。その代わり、ビッグブロックがもう一つ加わった。390HP L36である。66年はマッスルカーブームが頂点に達した年で、コーヴェットも手持ちのなかから切り札になるエンジンを登場させた。この年の終わりには販売量の3分の1をビッグブロックが占めるようになる。また、伝統のコンバーチブルも好調を維持し、販売は全体の3分の2に達する勢いだった。

ボディと外装

過去2年と比べると外観上の変化はごく細部にとどまる。フロントグリルがこれまでの華奢にも見えたデザインから、一体型のダイキャスト製に変わった。"Corvette Sting Ray"

ノックオフ・ホイールとサイドパイプを備えた1966年型327コンバーチブル。"Corvette Sting Ray"のエンブレムがボンネットパネルにつくのは66年型だけ。従来、昼夜切り換え式室内ミラーとのパッケージオプションZ01でしか手に入れられなかった後退灯は1966年では全モデルを通じて標準装備となった。

1966

サイドパイプとノックオフ・ホイールを備えたビッグブロッククーペ。サイドエグゾーストカバーとその上のトリムは1965〜67年の3年間を通じて同じパーツが用いられた。

のエンブレムも新しくなり、1963年以来使われたイタリック体ではなく、同じ筆記体ながら文字が直立した。このエンブレムがリアパネルに加えて、ドライバー側ボンネットパネル前方にもつくのは、この年だけだ。

サイドに回ると恒例によってロッカーパネルが変わっており、細かい溝の走ったデザインに戻った。63年型に似ているが同じではない。65年型同様サイドパイプを注文すると省略され、代わりに幅の狭いロッカートリムがつく。これは1967年まで同じものが使われる。ドア背後のピラーに

あったグリルは室内換気システムが廃止になったため姿を消し、ピラーは完全な平滑面となった。

これも恒例だが、ガソリンフィラーキャップのエンブレムも新しくなり、最新の"バックデコレート"プラスチック技術が採用された。ただし太陽光にさらされて色あせすると新品に交換するしかなかった。その交換品のなかにチェッカードフラッグの白黒パターンが逆になっているものと、オリジナルと全く同じものが見つかった。メーカー自身おそらく気づかぬうちに新しいロットを造る際、白黒の

ORIGINAL CORVETTE 1963-1967

寸法／重量	
全長	4447.5mm
全幅	1767.8mm
全高	
スポートクーペ	1259.8mm
コンバーチブル	1264.9mm
ホイールベース	2489.2mm
トレッド	
フロント	1428.8mm
リア	1447.8mm
車重	
スポートクーペ	1424.3kg
コンバーチブル	1433.4kg

サイドエグゾーストを備えたスモールブロック・コンバーチブル。サイドエグゾーストは内部が複数のチャンバーに分割されており、素晴らしい快音を発したが、スロットルを大きく開けるとその音に疲れを感じるドライバーもいた。

1966

錆を知らぬボディをまとったサンファイア・イエローのクーペ。こうした背景ではひときわ際立つ。コーヴェットが息の長い人気を保っている理由の一つが、グラスファイバー製ボディにあるといってよいだろう。

カラー

コード	ボディ	数量	室内色コーディネーション
900	Tuxedo Black	1190	Black, Beige, Bright Blue, Green, Red, Saddle, Silver, White/Blue
972	Ermine White	2120	Black, Beige, Bright Blue, Green, Red, Saddle, Silver, White/Blue
974	Rally Red	3366	Black, Red
976	Nassau Blue	6100	Black, Beige, Bright Blue, White/Blue
978	Laguna Blue	2054	Black, Beige, Bright Blue
980	Trophy Blue	1463	Black, Beige, Bright Blue
982	Mosport Green	2311	Black, Green
984	Sunfire Yellow	2339	Black
986	Silver Pearl	2967	Black, Silver
988	Milano Maroon	3799	Black, Saddle

シルバーのシートは黒のダッシュとグレーのカーペットと組み合わされた。白のシートはブルーのダッシュとカーペットと組み合わされた。スチール製ホイールは例外なく黒塗装。コンバーチブルの幌の色はブラック、ホワイト、ベージュから選べた。

ORIGINAL CORVETTE 1963-1967

大きなノーズエンブレム(左)がつくのはこの年のみ。ビッグブロックエンジン(右)は、1966年用に427までボアアウトされた。「軽量化したかったんだ」とはゾーラ・アーカス・ダントフの苦しい言い訳だ。

66年型ガソリンフィラーキャップ(左)に描かれたチェッカーフラッグ。なかには白黒市松模様のパターンが逆になっているものが散見される。車の製造日と関連するので重要なポイントだ。そんなもの取るに足らないとお考えだろうか。将来の調査によってはそうとも言い切れないはずだ。
新しく直立したレタリング(右)。ボンネットとリアトップパネルに同一のパーツがつく。

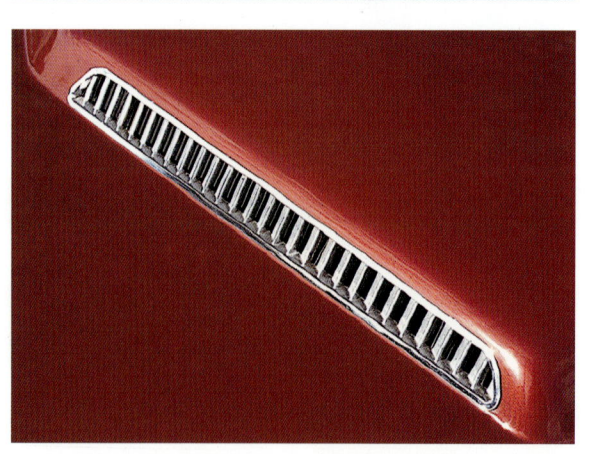

サイドパイプ(左)は丈が短いためいつも熱いが、寿命は長い。1965～66年のビッグブロック・ボンネット上のダクト(右)はダミーではなかったが、小さすぎて実効はあまりなかった。

パターンを逆にしてしまったことが明らかになり、大変な手間隙をかけて調べた結果、初期型は一番上の枡目が黒であることが確かな事実としてわかった。その後8600から8950あたりの車から、白黒パターンが逆になり、同じ枡目が白になって2万6450位の車まで続いた。この頃どちらかのパターンがもう1ロット分生産されたか、あるいは初期パターンの在庫が大量に発見された(こちらの可能性が高い)。この2パターンは混在したまま生産終了まで使われた。このエンブレムはどちらのパターンも大手のメーカーから複製品が出ており、後期型の方が10ドル程高い。

エグゾーストのベゼルは、クローム仕上げのダイキャストになった。この材質の部品はどれもそうだが、道路にまかれた塩でたちまち台無しになった。従来のステンレス製ならバフ仕上げを施せば元通りになったのだが。66年型でも最初の4000台位までは古いステンレスベゼルである。

シャシー

シャシーは1965年型から変わりはない。スティング・レイのモデルイヤーを通じて、全く同一のシャシーが用いられたのはこの2年だけだ。

1966

オプションV74として66年のみ装着されたハザードライトのスイッチ。66年シート（右と下）は横に畝が走る。室内ドアハンドルがクローム仕上げになったのに注意。

内装

　外形は1965年型と同じシートだが、従来は平らだった座面に横方向の畝が入った。過去に横方向に畝が入ったのは59年型だけだ。やはり66年に登場したのはオプションA82の"ストラトイーズ"・ヘッドレストだ。60年代中盤に自動車の安全性に対する意識が高まり、とりわけ追突によるむち打ち症がクローズアップされた。ヘッドレストを支持する内部フレームを追加するため、シートの背もたれが変更になった。ちなみにシートがオプションの革張りでも、ヘッドレストはビニール張りのままだった。なお1970年以降のシートはヘッドレストが標準装備になる。

　やはり安全性関連で初登場したのがA85オプションの3点式シートベルトで、年の中頃、1万5000台目位からつけられるようになった。現代のものとは異なり2本のベルトは相互に関連がなく、腰のベルトはシート分割部背後に独立したバックル収納部を持ち、クローム仕上げのバックル挿入部はセンターコンソール上に位置している。1966モデルイヤー中盤にバックルラッチを結合する開口部が四角に変わり、従来以上にしっかりと結合できるようになった。

　ドアパネルは65年以来のデザインのまま、弱点だったプラスチック製の室内ドアハンドルは美しいクローム仕上げの金属製に変わった。クーペとコンバーチブル用ハードトップのルーフライニングは、ファイバーボードを廃止してスポンジで裏打ちしたビニールになり、品質が向上した。

計器と操作系統

　1966年型の計器にはデザイン上の変化はない。ただ水温計の上限が240°F（115°C）から250°F（120°C）になった。イエローゾーンが235°F（112°C）から始まり、上限に赤いライ

83

Original Corvette 1963-1967

ンが入った。計器コンソール、ラジオ、ヒーターノブは例年通りデザイン上の手直しを受けている。

エンジン

　この章の始めにも書いたが、3種のスモールブロックが1966モデルイヤーではカタログから落とされた。こうして1962年に327が283に取って代わって以来、お馴染みの3782870エンジンブロックは歴史にのみその名をとどめることになる。新しいナンバー3858174のブロックが採用になったが、実態は先代とほとんど同じだった。

標準ユニット327 300HP：実質的に過去3年のL75と同じ300HPが、この年から標準エンジンになった。10.5：1の圧縮比をもつ鋳造ピストンと1.94in (49.28mm)径の吸入バルブはそのままだが、吸気系は4160ホーリー製タイプ3367Aキャブレターを用いて改善された。反面信頼性は犠牲になった。4150によく似た4160ホーリーは、ドリルで穴を開けたメタリングプレートを採用し、セカンダリー・メタリングブロックボディを廃止した簡略な設計だった。

　キャブレターの上に載るのがオープンエレメントの円形エアクリーナーだ。リッドはクロームメッキを施されていたが、形は65年396用の黒く塗装されたユニットと同じだ。この美しいエアクリーナーは1966年エンジンの全ラインアップに採用され、やがてシボレーの象徴となる。ドレスアップマーケットでは、ぺらぺらの素材を用いた模造品がカリフォルニアから海を越え広くはびこった。

　シリンダーヘッド（鋳造ナンバー3782461）は、1961年以来の高出力スモールブロック用と同じである。鋳鉄吸入マニフォールドの鋳造ナンバーは3872783、排気マニフォールドは3846559（左）と3747042（右）だ。

　1966モデルイヤーではカリフォルニア州で必要なエアインジェクション・リアクター（AIR）が、初めてオプションのK19として登場した。他の49州でもオプションで取りつけられたが、わざわざ44ドル75セント支払って装着した例があったかは今となっては不明だ。

　エンジン駆動のエキセントリックポンプが、エアクリーナー基部に新しく備わった装置から清浄な空気を吸い込み、別のポンプがチェックバルブを介してこの空気を排気マニフォールド上の装置に送り込む。未燃焼混合気はこの空気中の酸素と混ざって、排気パイプ内で燃焼する。スロットルを閉じている間は、バックファイアーを起こさぬようコントロールバルブが備わり、マニフォールドに空気が送られるのを防ぐ。

　AIRの長所は、パイプが高温になるため腐食しにくくなったこと、そして言うまでもなく大気汚染物質が減ったことだ。AIRはその後間もなく他の49州でも必要になるが、当初はその大半が取り外され破棄されてしまった。当時この装置は愛車のエンジンの外観やサウンドを台無しにする、政府が押しつけた醜い余計なものと見られていた。ポンプとバルブは驚くほど騒々しく、こいつらを取っ払うと胸がすっとしたものだ。ポンプ、ホース、マニフォールドパイプのアッセンブリーはひどく目障りだが、今日オリジナル性を最優先するレストアラーは、大枚を掛けてこれらのパーツを物色している。

　AIRを備えた66年型スモールブロックは、同じ4160ホーリーでも3605Aという別タイプのキャブレターを用い、排気マニフォールドもAIR用装置を持つ別物だった（鋳造ナンバー、左3872765、右3872778）。カリフォルニア仕様のK19 AIRを備えた車に、C60エアコンとN40パワーステアリングを組み合わせた場合に必要になるプーリー、スペーサー、ブラケット、ベルトの類については『Assembly Instruction Manual』(巻末「参考文献一覧」で紹介)が参考になる。

L79 327 350HP：327のオプションを一つに絞ったシボレーだったが、さすがに最良のユニットを残した。ソリッドタペットL76を先祖として、前年登場したL79 350HPの身上は、スロットルの動きに瞬時に反応する鋭いレスポンスだ。当時ドラッグレースの人気は頂点に達しており、専用コースはどこにでもあった。ビッグブロック・マークⅣは¼マイルには理想的なエンジンだった。

　せっかくの独立リアサスペンションは、高速コーナーを速く走るために設計されたのだったが、ドラッグレースの直線路では、インナーホイールベアリングのインボード側に位置するリアホイールスピンドルが捩れて最初に壊れた。コーヴェットで好成績を収めたドラッグレーサーは、リアエンドとサスペンションをそっくり外し、12本のボルトでストレートアクスルを組み込んだものだった。

エアコンディショナーを備えた66年型。チーク材のステアリングホイールとテレスコピックコラムはオプション。

1966

識別コード

エンジンブロック鋳造ナンバー
327cu-in　3858174（3892657の場合もありえる）
427cu-in　3869942（3855961の場合もありえる）

打刻されたエンジンナンバーの頭文字
HE　327-300HP　ホーリー4Bキャブレター マニュアル
HH　327-300HP　ホーリー4Bキャブレター マニュアル、AIR
HO　327-300HP　ホーリー4Bキャブレター AT
HR　327-300HP　ホーリー4Bキャブレター AT、AIR
HT　327-350HP　ホーリー4Bキャブレター スペシャル・ハイパフォーマンス・マニュアル
HD　327-350HP　ホーリー4Bキャブレター スペシャル・ハイパフォーマンス・マニュアル、AIR
HP　327-350HP　ホーリー4Bキャブレター スペシャル・ハイパフォーマンス・マニュアル、AC,PAS
HK　327-350HP　ホーリー4Bキャブレター スペシャル・ハイパフォーマンス・マニュアル、AC,PAS,AIR
IL　427-390HP　ホーリー4Bキャブレター 油圧タペット マニュアル
IM　427-390HP　ホーリー4Bキャブレター 油圧タペット マニュアル、AIR
IQ　427-390HP　ホーリー4Bキャブレター 油圧タペット AT
IR　427-390HP　ホーリー4Bキャブレター 油圧タペット AT、AIR
IP　427-425HP　ホーリー4Bキャブレター ソリッドタペット マニュアル
IK　427-425HP　ホーリー4Bキャブレター ソリッドタペット M22マニュアル

シャシーナンバー
194376S100001から194376S127720（コンバーチブルの場合4桁目は6になる）

66年型は例外なくホーリー製キャブレターを備える。14in（356mm）径、クロム仕上げのオープンエレメント・エアフィルターは象徴的な存在だ。

1966年のL79には、新しい円形のクローム仕上げエアフィルターがついた。キャブレターも新しくなり、標準エンジンと同じホーリー4160がついた。アルミ製吸入マニフォールドの鋳造ナンバーは3890490、フィンつきアルミ製バルブカバーが備わった。圧縮比が高かったので、このエンジンと450HP L72（後で述べる）には、AIRは必要ないと判断された。燃焼効率が高いので、未燃焼炭化水素や一酸化炭素などの有害排気物は少ないという主張だった。カリフォルニア州はこれを受け入れたが、今日このエンジンを自宅のガレージ内で回したり、急加速するこの車のすぐ後を走った経験のある人なら、あきれて物も言えないはずだ。

L36 427 390HP：66年のラインアップに新たに加わった。ビッグブロックを用いたこのユニットは、コーヴェットに載せられたなかで最大のエンジンだった。自ら課した社内基準である最大排気量の上限の400cu-in（6555cc）を破り、427（6997cc）を導入したのはなぜかという質問に対して、ゾーラ・アーカス・ダントフは「他でもない重量軽減のため」と言ってのけたと伝えられている。ブロックを4.25in（107.95mm）径までボアアウトすれば、たっぷり鉄を削ぎ落とせるという理屈だった。

重い鋳鉄製吸入マニフォールド（3866948）の上に、4160ホーリータイプ3370Aを載せたこのエンジンは、わずか3600rpmで460lb-ft（63.5mkg）という目ざましいトルクを発生し、実に豪快だった。ローからでも3速からでも同じように発進でき、追い抜きのためのシフトダウンはほとんど必要なく、ちょっとしたホイールスピンも思いのままだった。

低速でのスロットルレスポンスはリニアで、内燃エンジンというよりも電気モーターをコントロールしているようだった。なにより印象的なのは急な上り坂での力強さだ。思わず3速ないしは2速にシフトダウンしたくなるような場面でも、トルクの絶対値に物を言わせて委細構わずどんどん前に進む。390HPは上り坂を平らにしてしまったのだ。

カムシャフトは油圧タペットを介して、オーバルポート

ORIGINAL CORVETTE 1963–1967

ヘッド(鋳造ナンバー3872702)の2.06in(52.32mm、吸入)と1.72in(43.69mm、排気)径のバルブを作動する。目視できるのは鋳造ナンバーの下4桁だけだ。ピストンは鋳造、圧縮比は10.25：1である。排気マニフォールドの鋳造ナンバーは3880827(左)と3880828(右)。K19 AIRシステムが必要な場合は、AIRチューブのついた同じマニフォールドが装着される。シリンダーブロック(鋳造ナンバー3869942)は2本ボルトのメインキャップを採用していた。

L72 427 450HP：1965年の425HPソリッドタペットL78 396が、この450HP L72 427に成長した。396と異なり独立したセカンダリーメタリングブロックを持つ、4150ホーリー・タイプ3247Aキャブレターを採用していたため、ジェットを交換できるメリットがあった。吸入マニフォールド(鋳造ナンバー3885069)はアルミ製だ。

シリンダーヘッド(3873858)はスクエアポートで、バルブは吸入2.19in(55.63mm)、排気1.72in(43.69mm)と大径だった。鋳造ナンバー3863144のソリッドタペットカムのリフト量は0.520inで、出力を450HPへと上げるのに一役かっていた。一方4000rpmまで回さないと、ピークトルクは出なかった。ピストンは鍛造、圧縮比は11.0：1だった。シリンダーブロックは390HPと同じ3869942だが、メインベアリングキャップは4本ボルトになった。生産後期には、1967年モデルの3904351ブロックも用いられた。

おそらく政治的配慮からか、仕様は変わらないままエンジンの公称出力は生産開始直後に425HPに落とされた。

冷却系統

スモールブロックのラジエターは、従来と変わらずハリソン製アルミユニット(パーツナンバー3155316)が用いられた。一方ビッグブロックでは独立したエクスパンションタンクが廃止され、直接冷却水を注入するタイプになり、材質もアルミ製から銅と真鍮の合金製に変わった。

電気系統

充分に熟成された電気系統に変更はほとんどない。かつてオプションZ01、T86の一部だった後退灯は標準装備となり、従来同様内側のテールライトに透明レンズがつく。

1966年用オルタネーターには4種類あった。フロントケースにアンペア数、パーツナンバー、日付が打刻してある。詳細は以下の通り。エアコンもトランジスター点火でもない場合は37amp/1100693、トランジスター点火の場合は42amp/1100696、エアコン装着は55amp/1100694、両方のオプションを備えている場合は60amp/1100750。

オプションで目新しいのはV74ハザードライトだ。計器パネル右下、パーキングブレーキレバーブラケットにマウントされており、急いで後づけしたような印象がある。スイッチを引くと4個の方向指示器が同時に点滅し、ボタン自体も赤く点滅した。

トランスミッション

標準の3速サギノー製トランスミッションは、設計変更を受けた。ケースとギアが強化され、ベアリングが大きく

66年用にオプションで選べるスモールブロックは350HPのL79だけになってしまった。スロットルに即座に反応する傑作エンジンだ。

ビッグブロックのプラグコードは細かく編み上げたメッシュで絶縁され、プラグキャップヒートシールドからアースをとる。ディストリビューター・シールドはビッグブロック専用。左はトランジスター点火用アンプリファイアー。

なり、今回初めてローギアにシンクロがついた。このトランスミッションは、標準の300HPエンジンとのみ組み合わされた。今回設計変更が可能になったのは、サギノーのユニットがGMの車種全般にわたって広く採用されていることの賜物だった。なにしろ1966年に3速MTを備えたコーヴェットは、564台に過ぎなかったのだから。ところで3速MTには、大いに必要とされていた改良がようやく施された。シフトレバーがフレームマウントになったのだ。これで、レバーがトランスミッションのテールハウジングにマウントされていたために生じた、レバーの共振という積年の問題がほぼ解決された。

今までM20といえば4速を意味するだけで、高出力のエンジンにはクロスレシオと決まっていたが、L79 327 350HPおよびL36 427 390HPには、ローギア比が2.52：1のM20か、2.20：1のM21のどちらかのレシオが選べるようになった。なお標準エンジンはワイドレシオ4速のみが、L72 427 450HPにはクロスレシオのみが注文できた。

L72にはもうひとつ面白い選択肢があった。M22"ロッククラッシャー"だ。ギアのヘリックス角を浅くとり、強度を増すとともにスラスト負荷を減らしたM22は、他のオプションと比べて騒々しいばかりで、ニックネームに値するほど頑丈ではなかった。1966年の生産が終わりに向かうころから、3速に用いられていたフレームマウントのシフトレバーブラケットが、4速にも使われるようになった。後退ロック用のTハンドルとロッドがついていたため、4速シフトレバーはエンジンと共振を起こしやすく、エンジンと分離してようやく本当の改善にこぎ着けた。

ホイールとタイア

標準ホイールに変化はないが、ホイールカバーは変わった。65年版からの発展型で、6つの部分に分かれていたのが新型は5つに分かれたデザインになった。これは当時流行っていた、5本スポークのマグネシウムホイールを真似たスタイルだった。3枚羽根のスピンナーもデザインが新しくなり、スペーサーを介してカバーにボルト留めされた。ホイール自体は黒く塗装された。

オプションのP48鋳造アルミノックオフ・ホイールも、1965年から引き継がれ、スポークの間が灰色に塗られた。ノックオフスピンナーがつく円錐形部分は、磨き仕上げからこの年に限って梨地仕上げになった。

タイアはブラックウォールとホワイトリボンの2種が用意された。ホワイトリボンの幅は1/2inから5/8in（12.7〜15.9mm）だった。今日でも良い複製品が手に入る。オリジナルタイアは大手5社全てが提供した。以下に列挙する。ファイアストーン・デラックス・チャンピオン、B.F.グッドリッチ・シルバータウン、ユニロイヤル・ラレード、ジェネラル・ジェットエア、グッドイヤー・パワー・クッション。オプション（T01）のゴールドライン・タイアにはファイアストーン・スーパー・スポーツとグッドイヤー・パワー・クッションの2種があった。金色のラインはおよそ3/8in（9.5mm）幅だった。

ORIGINAL CORVETTE 1963-1967

66年用の新しいホイールカバー（上）。スピンナーとの間にスペーサーを噛ませてある。ノックオフホイール（下）にとっては最後の年だった。円錐部が梨地仕上げになっている。

オプション

コード	品名	数量	重量(lb)	(kg)	価格
19437	標準コーヴェット・スポートクーペ	9,958	—	—	$4,295.00
19467	標準コーヴェット・コンバーチブル	17,762	—	—	$4,084.00
	標準327 300HP エンジン	9,755	—	—	—
	標準3速トランスミッション	564	—	—	—
	標準ビニールトリム	25,718	—	—	—
—	革張りシート	2,002	—	—	$79.00
A01	総ティンテッドグラス	11,859	—	—	$15.80
A02	ウィンドシールドのみティンテッドグラス	9,270	—	—	$10.55
A31	パワーウィンドー	4,562	—	—	$57.95
A82	ヘッドレスト	1,003	—	—	$42.15
A85	ショルダーハーネス	37	—	—	$26.35
C07	ハードトップ(19467のみ)*	8,463	8.0	3.6	$231.75
C48	ヒーター・デフロスター、削除オプション	54	−19.0	−8.6	−$97.85
C60	エアコンディショナー	3,520	79.3	36.0	412.90
	クーペ	2,138			
	コンバーチブル	1,382			
F41	前後スペシャルサスペンション	2,705	—	—	$36.90
G81	ポジトラクション・リアアクスル(全レシオ)	24,056	—	—	$42.15
J50	パワーブレーキ	4,044	12.0	5.4	$43.05*
J56	ヘビーデューティーブレーキ	382	—	—	$342.30
K19	エアインジェクションリアクター	2,380	—	—	$44.75
K66	トランジスターイグニッション	7,146	—	—	$73.75
L36	427 390HP エンジン	5,116	200.0	90.7	$181.20
L75	327 300HP エンジン	8,358	—	—	$53.80
L72	427 425HP エンジン	5,258	—	—	$312.85
L79	327 350HP エンジン	7,591	—	—	$105.35
M20	4速マニュアルトランスミッション、ワイドレシオ	10,837	—	—	$184.35
M21	4速マニュアルトランスミッション、クロスレシオ	13,903	—	—	$184.35
M22	4速マニュアルトランスミッション、ヘビーデューティー	15	—	—	$237.00
M35	パワーグライドAT	2,401	28.0	12.7	$194.85
N03	グラスファイバー製36ガロン燃料タンク(19437のみ)	66	8.1	3.7	$198.05
N11	オフロードエグゾースト	2,795	—	—	$36.90
N14	サイドマウント・エグゾースト	3,617	—	—	$131.65
N32	チーク材ステアリングホイール	3,941	—	—	$47.40
N36	テレスコピック・ステリングコラム	3,670	—	—	$42.15
N40	パワーアシスト・ステアリング	5,611	21.0	9.5	$94.80
P48	鋳造アルミ・クイックテイクオフ・ホイール	1,194	28.7	13.0	$316.00
P92	ホワイトリボン・タイア 7.75X15	19,300	—	—	$31.85
T01	ゴールドライン・タイア 7.75X15	5,557	—	—	$46.55
U69	AM／FMラジオ	26,363	—	—	$199.10
V54	ハザードライト	5,764	—	—	$11.60

*ハードトップの重量はソフトトップとの差を示す。ソフトトップをつけた際の重量増は58.4lb(26.5kg)。

サスペンションとステアリング

オプションのスペシャルサスペンションは、1965年では燃料噴射とビッグブロックエンジンにのみ組み合わされたが、今年はL72ビッグブロックにのみつけられた。RPOナンバーはF40からF41に変わった。

ブレーキ

1965年同様標準のブレーキシステムはシングル・マスターシリンダーで、大きなリッドを2個のクリップで固定した。一方J50パワーブレーキシステムはタンデムシリンダーを採用し、前後2系統だ。

レース用にヘビーデューティー・ブレーキオプション(J56)が1年のブランクを経て再登場した。64年型はドラムだったが、いまやサーキットで通用するように、ディスクブレーキをグレードアップするためのパーツが全て揃った。まず基本となるのはJ50パワーブレーキで、好みに応じて制動力の前後配分を調整できるバルブ（パーツナンバー3878944）が備わった。これは世界中のサーキットに出回り、今日でも新旧あらゆる種類のレーシングカーについている。

新しいセミメタリックのパッドが装着できるように、フロントキャリパーも改変された。このパッドには頂部を取り囲む形で強化フランジがついており、両端部にて$\frac{5}{32}$in(3.97mm)割りピン2個で固定される。キャリパーには割りピンに合わせてドリル穴が穿たれている。この場合標準ブレーキのシングルピンを固定する突起は取り除かれる。リアキャリパーはJ56でも変わりはなく、通常の中央マウントパッドを採用している。望めばシングルピンで留める標準のパッドの代わりにセミメタリックのパッドを取りつけることも今なら可能だ。

1967年

67年型は無駄な飾りを排し、クロームの量を減らした。ボディサイドにエンブレムが一つもないのはこの年だけだ。最後の年にして最も魅力的なミッドイヤーと言ってよいだろう。写真はエアコンとATのついたビッグブロック。ライセンスプレートをオフセットするとラジエターへの空気流通がスムーズになった。

　1967年はスティング・レイにとって最後の年になった。翌年登場した1968年型には当初サブネームはついていなかったが、1969年までには中点なしの一語、"Stingray"として復活した。

　スティング・レイのデザインをもう一度現代流に手直しするという命題を与えられたスタイリング部門は、改めてこの車を見直し、本来持っている本質的な美点を残しつつ、発表以降こなれてきたオリジナルコンセプトを熟成させた。60年代終盤は自動車に対する嗜好が急速に変わった時代で、メーカーも町の改造屋もこぞってワイドホイールにロープロファイルのタイアを履かせ、ホイールアーチから大きくはみ出させるのにやっきとなっていた。一方スティング・レイは、往年の名車アルファ・ロメオの"ディスコ・ヴォランテ"同様、丸をもったふくよかなボディがタイアを包み込むスタイルだった。これではワイドホイールの流行に沿おうとも、うまくいくはずがなかった。

ボディと外装

　スタイリングチームは装飾用光り物の点数を減らし、このボディが本来もっている美しさを前面に出した。最も目立つ変更は新しい"ラリー"ホイールだ。ついにハブキャップに見切りをつけたのだ。リムが広くなってホイールオープニングとの隙間がなくなり、足元がぐっとしっかりした。

　車高が低くなったように見えるのは、新しいロッカーモールの功績で、ほとんどの部分を黒く塗装し、一番上のエッジ部分だけを細い光沢のある一本のラインとして残すことで、サイドビューを引き締めた。左右フロントホイール背後には前傾したルーバーが5本走り、うまく緊迫感を出している。なお最後の年になってようやく、フェンダーの流れるようなラインを台無しにする、サイドエンブレムの

Original Corvette 1963-1967

取り外し可能なハードトップは5年にわたる生産期間を通じて用意されたが、オプションで黒のビニールコーティングが施されるのは1967年のみ。

寸法／重量	
全長	4447.5mm
全幅	1767.8mm
全高	
スポートクーペ	1259.8mm
コンバーチブル	1264.9mm
ホイールベース	2489.2mm
トレッド	
フロント	1428.8mm
リア	1447.8mm
車重	
スポートクーペ	1424.3kg
コンバーチブル	1433.4kg

1967

サイドエグゾーストとN89鋳造アルミ製ボルトオンホイールを備えたスモールブロック。67年スモールブロックのフロントには旗の交差した小さなエンブレムが一つだけつく。

Original Corvette 1963-1967

サイドパイプを備えるビッグブロッククーペ。67年専用の新しいボンネットを見れば、誰でも素晴らしいエンジンが積まれているに違いないと予想がついた。標準ホイールは1/2in幅広になり6inとなったため、ホイールアーチとの間の無駄な隙間がなくなった。

1967

ビッグブロック2台を上面と側面から見る。スティング・レイのボディ形状ゆえこれ以上大きなホイールは装着できなかったが、2年後には8in幅のホイールを履くようになる。前傾したルーバーのおかげでバランスのとれたスタイルになっている。

類がいっさい姿を消した。

フロントグリルに変更はないが、ノーズのエンブレムは一回り小振りになり、ボンネット上の車名もなくなった。リアのフィラーキャップは今年も変更になった。見慣れた透明プラスチックやゴールドの塗装は姿を消し、2本旗が交差するごく小さなモチーフが無地のボディカラーに描かれているだけだ。その周囲を細いクロームが取り囲む。

1967年の生産が3分の1ほど進んだころ、ドアミラーからシボレーの"蝶ネクタイ"のエンブレムが姿を消した。車全体がエレガントになり、装飾品が極力省略された。

427のボンネットには色のコントラストが美しいエアダクトが追加された。しかもフロントフェンダーにエンブレムをつけるような愚かな真似はしなかった。ボンネットストライプの色はブラック、ホワイト、レッド、ブライトブルー、ティールブルー。室内色によって変わるが、必ずしも室内色と一致するとは限らない。

1967年2月終わり頃、数日の間スモールブロック用の平らなボンネットの在庫がなくなるという一幕があった。生産を中断するわけにはいかないので、スモールブロックの車にもビッグブロック用のボンネットが用いられた。これは指折りの希少車だ。

この年初めてハードトップにビニールコーティングを注文できるようになった。

シャシー

パーツの仕様が変わったので1967年のフレームナンバーは3900200になった。パーキングブレーキ用プーリーのブラケットをフレーム上にマウントするため、レバー位置がシートの間に移った。これ以外にフレームの変更はない。

内装

まずシルプレートが新しくなり、黒の部分が増えてシンプルになった。シートは形が微妙に変わり、座面が広い平らな部分と横方向に走る細かい畝の組み合わせになった。本革シート（このオプションだけはいまだにRPOコードがつかない）には、細かいディンプル加工が施され魅力的だった。シートは急制動時に前方に倒れこんだり、押し出されたりしないよう、クロームメッキ仕上げのレリースレバーによって確実にロックできるようになった。シートレール機構も改良され、前後移動が楽になった。

ORIGINAL CORVETTE 1963-1967

サイドパイプと"ラリー"ホイールを備えたスモールブロック・クーペ。こうして見ると67年型クーペの虚飾を排したスタイリングがよくわかる。

　助手席側は、1958年モデルからの伝統だったグラブボックス上のグリップハンドルがなくなった。綺麗にモールドされたルーフライニングは、バイザーが収まるようにその部分が窪んでいる。パッセンジャーはようやく右フットウェルにある通風口からの外気導入を調整できるようになった。ラジオコンソール両脇に三角形をしたコントロールノブが一体化されたのだ。C60エアコンディショナー装着車には、この位置にコントロール類はなかった。
　ドアパネル上の室内側ロックはドア中央部に移動した。以前より目障りだが手の届きやすい位置だ。また室内ドアハンドルはドアをロックすると作動しないようになった。ウィンドーレギュレーターのノブはマッシュルーム型の柔らかいプラスチック製になった。

計器と操作系統

　U15速度警告灯が新たなオプションとして加わった。速度計にあらかじめセットしておいたスピードに達するとブザーが鳴る。ブザーは計器コンソール背後の見えないところにあった。ミッドイヤーは例外なく計器のレンズが凹面で反射とは無縁だったが、U15を装着するスピードメーターは調整レバーの位置決めが楽なので凸型をしていた。あわせてタコメーターのレンズも凸型になった。

1967

20台しか造られなかった1967年L88モデル。ボンネットを開けない限りごく普通のビッグブロック・クーペにしか見えない。

　安全性の見地からコントロールのノブはマッシュルーム型になり、事故の際負傷する危険は若干減った。生産初期にウィンドシールドウォッシャーの作動方法が変更になり、従来中央部の専用ボタンを押していたものが、ノブ全体を押すようになった。

　重要な改良として、パーキングブレーキ・ハンドルがメータークラスター下からシート間のコンソールに移動した点を上げられる。これでテコの力を有効に使えるし、ケーブル長も短くて済んだ。ただしパーキングブレーキは相変わらず重荷重時の車を止めるには力不足だった。

エンジン

　1967年用2種のスモールブロックエンジン、標準の300HPとオプションのL79 350HPは、ごくわずかな変更だけで前年より引き継がれた。ブロックの鋳造ナンバーは3892657になったので注意されたい。この鋳造ナンバーは1966年後期生産分でもごく短期間使われた可能性がある。シリンダーヘッドの鋳造ナンバーも3890642に変わった。一方、吸排気マニフォールドのナンバーは1966年から変わらない。

　スモールブロックのホーリー4160キャブレターはR3810A、K19 AIRつきの場合はR3814Aとなる。

　1965年に旋風を巻き起こした396cu-in (6489cc) 425HPビ

Original Corvette 1963-1967

ハードトップ（左）をはずすのは二人がかりの仕事だったが、ソフトトップの開閉はどんな時でも簡単だった。2種ある屋根の両方に完璧にフィットするようウィンドーを調整するのは至難の業だった。新しい1967年ビッグブロックのボンネットダクト（下）はダミー。ボンネット上を走るストライプは室内色と同じか、コントラストのよい色が選ばれたが、これは50年代初頭アメリカにスポーツカーの大ブームを巻き起こしたイギリスのMG TCの影響だった。

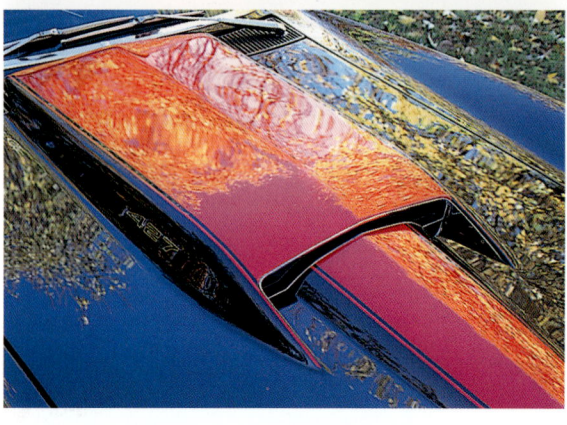

L88はウィンドシールド基部、空気の密度が高いところから冷気を導入した（左）。ボンネットダクトにはフィルターエレメントが内蔵してある（上）。

カラー

コード	ボディ	数量	室内色コーディネーション
900	Tuxedo Black	815	Black, Bright Blue, Teal Blue, Green, Red, Saddle, White/Blue, White/Black
972	Ermine White	1423	Black, Bright Blue, Teal Blue, Green, Red, Saddle, White/Blue, White/Black
974	Rally Red	2341	Black, Red, White/Black
976	Marina Blue	3840	Black, Bright Blue, White/Blue
977	Lyndale Blue	1381	Black, Teal Blue, White/Black
980	Elkhart Blue	1096	Black, Teal Blue
983	Goodwood Green	4293	Black, Saddle, Green, White/Black
984	Sunfire Yellow	2325	Black, White/Black
986	Silver Pearl	1952	Black, Teal Blue
988	Marlboro Red	3464	Black, Saddle, White/Black

ホワイト／ブラックのシートはブラックのダッシュとカーペットと組み合わされた。ホワイト／ブルーのシートはブルーのダッシュとカーペットと組み合わされた。スチール製ホイールは例外なくシルバー塗装。コンバーチブルの幌の色はブラック、ホワイト、ティールブルーから選べた。

67年のボンネットフラッグ（左）は、今までのなかで最も小さい。67年型では、ガソリンフィラー用のエンブレムがプラスチック製に代わり、ボディカラーに塗られたダイキャスト製になった（下）。

後退灯（左）はライセンスプレート上に移動し、スティング・レイ本来の4灯式テールライトが復活した。67年型では左右ドア裏にリフレクターの役割を果たす、GMの"Mark of Excellence"と記されたエンブレムがつく（下）。前傾したフェンダー上のルーバー（右）。リブが4本走るのは67年型のみ。

1967

マニュアルトランスミッションとパワーステアリングを備えた1967年ビッグブロックを下から眺める。フロントのスタビライザー、リアの横置きリーフスプリングをはじめとするサスペンションの詳細がよく見てとれる。スペアホイール・キャリヤーの位置が変わったので燃料タンクが見られるようになった。

ッグブロックは、427cu-in（6997cc）へと拡大された。その後ろには1966年に登場した油圧タペットの390HPL36が控える。1967年は、この2種のエンジンだけで1万台を超えたのだから、同じエンジンをベースとしてオプションリストを膨らますのは理に適った販売政策だった。

L36油圧タペット427の仕様はほぼ変更なかったが、当然ながらナンバーは変わった。ビッグブロックに共通する、基本となる鋳造ナンバーは3904351だが、生産初期には3869942も使われ、後期型には少数ながら3916321を用いたエンジンもある。390HPのシリンダーヘッドは3904390（初期型）ないしは3909802（後期型）。キャブレターはホーリーR3811A、AIRつきの場合はR3815Aだ。吸入マニフォールド

ORIGINAL CORVETTE 1963-1967

67年用に全く新しくなったシート（上と左）には位置決めがしっかりできるラッチが備わり、シートレールも改良された。パーキングブレーキはセンターコンソールに収まるようになった。ドアロックノブは前方へと移動した。下はシートレリーズレバー。

むち打ち症問題は当時自動車産業界全体を揺るがせ、法廷闘争にまで発展した。ヘッドレスト（右）はそのむち打ち症の軽減に有効だった。乗員の安全のためノブもマッシュルーム形状になった（下）。

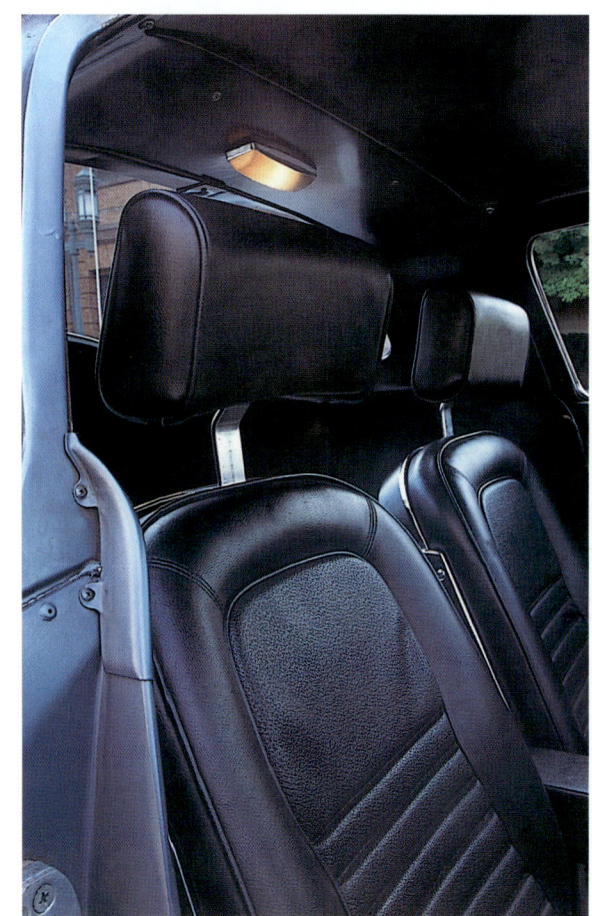

67年型327 350HP。オルタネーターの位置は、1966年からエンジン左側に移動している。

識別コード

エンジンブロック鋳造ナンバー
327cu-in 3892657
427cu-in 3904351(初期型では3869942、後期型では3916321の場合もある)

打刻されたエンジンナンバーの頭文字
HE 327-300HP ホーリー4B キャブレター マニュアル
HH 327-300HP ホーリー4B キャブレター マニュアル、AIR
HO 327-300HP ホーリー4B キャブレター AT
HR 327-300HP ホーリー4B キャブレター AT、AIR
HT 327-350HP ホーリー4B キャブレタースペシャル・ハイパフォーマンス・マニュアル
HD 327-350HP ホーリー4B キャブレタースペシャル・ハイパフォーマンス・マニュアル、AIR
HP 327-350HP ホーリー4B キャブレタースペシャル・ハイパフォーマンス・マニュアル、AC、PAS
HK 327-350HP ホーリー4B キャブレター スペシャル・ハイパフォーマンス・マニュアル、AC、PAS、AIR
IL 427-390HP ホーリー4B キャブレター 油圧タペット マニュアル
IM 427-390HP ホーリー4B キャブレター 油圧タペット マニュアル、AIR
IQ 427-390HP ホーリー4B キャブレター 油圧タペット AT
IR 427-390HP ホーリー4B キャブレター 油圧タペット AT、AIR
JC 427-400HP ホーリー3×2B キャブレター マニュアル
JF 427-400HP ホーリー3×2B キャブレター マニュアル、AIR
JD 427-400HP ホーリー3×2B キャブレター AT
JG 427-400HP ホーリー3×2B キャブレター AT、AIR
JE 427-435HP ホーリー3×2B キャブレター ソリッドタペット マニュアル
JA 427-435HP ホーリー3×2B キャブレター ソリッドタペット マニュアル、AIR
IU 427-435HP L89 ホーリー3×2B キャブレター ソリッドタペット マニュアル、アロイヘッド
JH 427-435HP L89 ホーリー3×2B キャブレター ソリッドタペット マニュアル、アロイヘッド、AIR
IT 427-430HP*L88 ホーリー4B キャブレター ソリッドタペット M22 マニュアル
(*560HPと思われる)

シャシーナンバー
194377S100001から194377SS122940(コンバーチブルの場合4桁目は6になる)

は鋳鉄製、ナンバーは3866948。

400HP L68エンジンがビッグブロック・ラインアップに新たに加わった。これは390HPの基本仕様に、コーヴェットとして初めての試みであるトリプル2バレル・キャブレターを組み合わせたエンジンだ。トリプル2バレル自体は決して新しくはなく、同じGMのポンティアックは過去10年にわたって"トライパワー"をカタログに載せつづけている。1956年に2バレル・ロチェスターを3基備えたものが原型だ。L68は5400rpmでL36より10HP出力が高かったが、重要なトルク数値は変わらなかった。"3×2"キャブレーションシステムは1分あたり28m^{3}の空気吸入能力があり、燃料消費率が向上すると謳われた。ベンチュリー位置が改善され、フルスロットル時、混合気はシリンダー内部全域にわたってバランスよく充填された。アルミ製吸入マニフォールドの鋳造ナンバーは3894382だ。このシボレー／ホーリー方式では2個あるアウター側(セカンダリー)スロットルプレートは、センター(プライマリー)キャブレターのベンチュリーバキュームを感知するダイアフラムによってのみ開く構造になっている。つまりスロットルリンケージはアウタースロットルプレートを閉じるだけで、開けることはできない。

トリプルキャブレターは新車から5年やそこらは問題ない。バキュームパイプとダイアフラムに漏れがあればすぐに交換すればもっと長く働くだろう。ところが訓練を受け

Original Corvette 1963-1967

ていない未熟なメカニックがこれに手を出すやいなやたちまち事態は混乱を極める。なにしろセカンダリーをどうやって開けるのか皆見当がつかないのだ。エンジンを回してもセカンダリーが働いている気配がない。言うまでもなくエンジンに負荷がかかっていないからだ。結局トライパワーは多くの人々に誤解されたままで終わった。理由もなく使い物にならないと決めつけられ、かつての燃料噴射のように外されてしまう場合もしばしばあった。

1967年用トリプル・キャブレターを備えたビッグブロックの2番手はソリッドタペットの435HP L71だ。前年のシングル4バレルL72の改訂版といえるこれは、この年5種類あったビッグブロック・オプションのなかで、最も人気があった。ただし11.0：1の圧縮比、ワイルドなカムシャフトのせいでとても日々の通勤に使える代物ではなかった。シリンダーヘッドの鋳造ナンバーは3904391（初期型）あるいは3919840（後期型）、アルミ製吸入マニフォールドの鋳造ナンバーは3894374だった。

1967年のビッグブロックにはさらにもう2種用意があった。今日オリジナルはどちらも極めて希少価値が高く、しかもまがい物はいとも簡単にできる。なにしろ鋳造ナンバー3904392のアルミ製ヘッドをL71に載せれば、L89に仕立て上げられるのだ。販売されたのは16台に過ぎない。重量軽減には目を見張るものがあったが、現在の模造品の横行ぶりは目を塞ぎたくなる惨状だ。L89のオーナーだと信じている人の数は生産した数より多いのは間違いない。

L88の登場によってオプションエンジンの数は過去最高の6種に増えた。これはビッグブロックの性能を究極まで極めるために造られたエンジンだ。サーキット専用で基本はほぼL71に準じている。キャブレターはモンスター級のホーリーR3418A、鋳造ナンバー3886093のアルミ製吸入マニフォールドの上に載る。3886093という打刻が追加されているのが見られる。

シリンダーヘッドは3904392、鍛造ピストンの採用により12.5：1という圧縮比を得ている。指定アイドルスピードは1000rpm、燃料は少なくとも103オクタンを要した。カムシャフトのパーツナンバーは3925535、鋳造ナンバーは3925536と思われる。ちなみに、吸入バルブのリフト量は0.562in（14.275mm）、プッシュロッドすら$7/16$in（11.11mm）に大型化されている。

排ガス浄化装置は一切なく、ブローバイガスはそのまま路上に排出した。吸気はボンネット上にある専用のダクトを介し、ウィンドシールド基部から高圧の空気を取り入れ、取り入れた空気はボンネットにマウントされたフィルターを通過する。排気はレース専用のサイドマウントパイプによる。オプションはどれも一般路用ではない。J56専用前後制動力配分バルブつきヘビーデューティー・パワーブレーキ、F41サスペンション、K66トランジスター点火、削除オプションのC48によりヒーターまで外されるといった具合だ。アルミ製ラジエターは通常の銅／真鍮製ビッグブロック用より一回り小さく、シュラウドなしで装着される。

"トライ・パワー"では2バレルホーリーが3基備わり、その上には視覚的効果抜群の三角形をしたエアクリーナーが載る。フィルターエレメントは水洗いのできるスポンジ。67年のビッグブロックは、例外なくバルブカバーが塗装してある。

申し分のないL88 427。アルミヘッドを備える。シボレーは出力に関して口を閉ざしていたが、1968年になって世の中を刺激しないよう430HPという控えめな数字を公表した。実際には550HP前後あったのは今や公然の秘密だ。

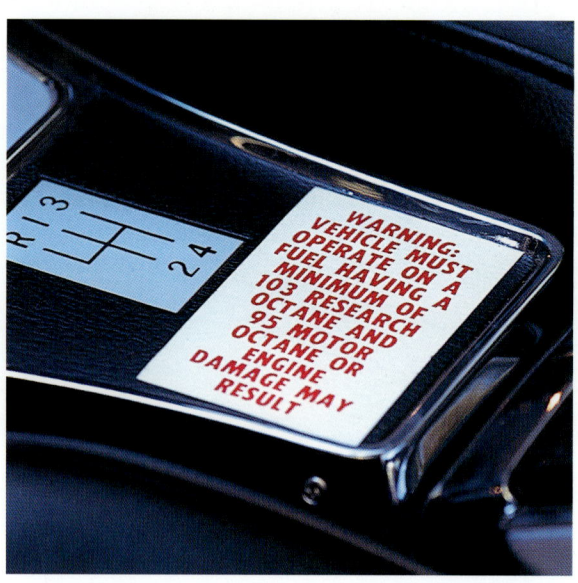

Original Corvette 1963-1967

L88のアルミ製ラジエター（左）には重量軽減のためシュラウドがつかない。オーナーが一般路を走らないようにとの配慮もあった。警告ラベル（右）にも記されているように、このエンジンには103オクタン・ガソリンが必要だったが、いまではそんなに高いオクタン価のガソリンは飛行場かサーキットにしかない。

製造されたL88はわずか20台、出力は公表されていないが、550HPを超えていると思われる。

冷却系統

スモールブロックのラジエターはハリソン製アルミユニットで変わりはない（パーツナンバー3155316）。L88もアルミ製ラジエター（打刻ナンバー3007436）を採用していたが、こちらはエクスパンションタンクつきだった。ビッグブロックも銅／真鍮のラジエターで変わりはない（パーツナンバー3008567、トランスミッションクーラーを内蔵したパワーグライド車では3008566）。

電気系統

1967年のオルタネーターには4種あり、打刻は以下の通り。エアコンもトランジスター点火もない場合は37amp/1100693、トランジスター点火つきは42amp/1100696、エアコン装着の場合は55amp/1100694、両方のオプションを備える場合は60amp/1100750。

トランスミッション

3速および4速MTは前年から引き継がれた。レバーがフレームマウントになったおかげで、どちらも騒音が低くなった。一方パワーグライドがビッグブロックにも選べるようになり、2速ATが390HPと400HPエンジンに組み合わせられるようになった。

ホイールとタイヤ

流行にしたがって、スチールホイールのサイズは、15×5½JKから15×6JKへと大きくなった。オプションのアルミホイールは以前からこの広い幅で、スティング・レイに装着できる最大幅だった。フロントホイールはこれ以上幅広にするとフルロックした際、ボディと干渉してしまう。

オプション

コード	品名	数量	重量(lb)	(kg)	価格
19437	標準コーヴェット・スポートクーペ	8504	—	—	$4,388.00
19467	標準コーヴェット・コンバーチブル	14436	—	—	$4,240.00
	標準327 300HP エンジン	6858	—	—	—
	標準3速トランスミッション	424	—	—	—
	標準ビニールトリム	31339	—	—	—
—	革張りシート	1601	—	—	$79.00
A01	総ティンテッドグラス	11331	—	—	$15.80
A02	ウィンドシールドのみティンテッドグラス	6558	—	—	$10.555
A31	パワーウィンドー	4036	5.0	2.3	$57.95
A82	ヘッドレスト	1762	—	—	$42.15
A85	ショルダーハーネス	1426	—	—	$26.35
C07	ハードトップ（19467のみ）*	6880	8.0	3.6	$231.75
C48	ヒーター・デフロスター、削除オプション	35	−19.0	−8.6	−$97.85
C60	エアコンディショナー	3788	93.3	42.3	412.90
	クーペ	2235			
	コンバーチブル	1553			
F41	前後スペシャルサスペンション	2198	—	—	$36.90
G81	ポジトラクション・リアアクスル（全レシオ）	2038	—	—	$42.15
J50	パワーブレーキ	4760	12.0	5.4	$42.15
J56	ヘビーデューティーブレーキ	267	—	—	$342.30
K19	エアインジェクションリアクター	2573	—	—	$44.75
K66	トランジスターイグニッション	5759	—	—	$73.75
L36	427 390HP エンジン	3832	175.0	79.4	$200.15
L68	427 400HP エンジン	2101	—	—	$305.50
L71	427 435HP エンジン	3754	—	—	$437.10
L79	327 350HP エンジン	6375	—	—	$105.35
L88	427 430HP エンジン	20	—	—	$947.90
L89	アルミヘッド装着のL71（435HP）	16	—	—	$368.65
M20	4速マニュアルトランスミッション、ワイドレシオ	9157	—	—	$184.35
M21	4速マニュアルトランスミッション、クロスレシオ	11015	—	—	$184.35
M22	4速マニュアルトランスミッション、ヘビーデューティー	20	—	—	$237.00
M35	パワーグライドAT	2324	28.0	12.7	$194.85
N03	グラスファイバー製36ガロン燃料タンク（19437のみ）	2	8.1	3.7	$198.00
N11	オフロードエグゾースト	2326	—	—	$36.90
N14	サイドマウント・エグゾースト	4209	—	—	$131.65
N36	テレスコピック・ステリングコラム	2415	—	—	$42.15
N40	パワーアシスト・ステアリング	5747	21.0	9.5	$94.80
P89	鋳造アルミ・ボルトオン・ホイール	720	—	—	$263.30
P92	ホワイトリボン・タイア 7.75×15	13445	—	—	$31.35
QB1	レッドライン・タイア 7.75×15	4230	—	—	$46.65
U15	速度警告インジケーター	2180	—	—	$10.55
U69	AM／FMラジオ	22193	—	—	$172.75
V48	冷却水保護強化型	336	—	—	—

*ハードトップの重量はソフトトップとの差を示す。ソフトトップをつけた際の重量増は58.4lb（26.5kg）。

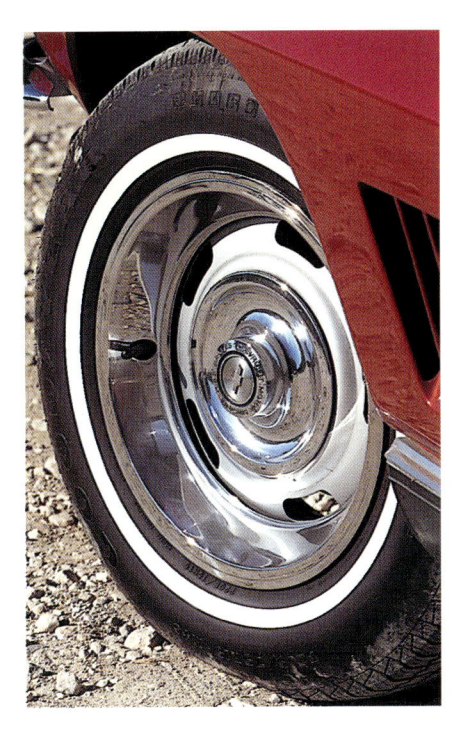

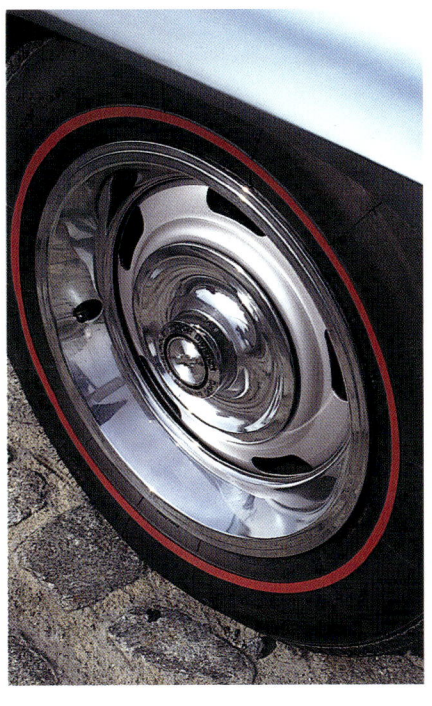

標準の67年型"ラリー"ホイールは6in幅。ホワイトリボンと"レッドライン"のオプションタイア2種が写っている。後者はこの年モデルの専用だ。アルミ製ボルトオン・ホイールは、重いノックオフアダプターがなくなった分さらに軽量になった。

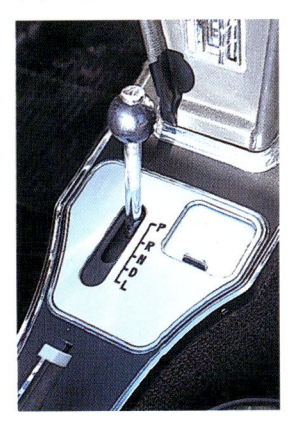

AT（写真上）は依然2速のままだがボタンタイプのシフトレバーで操作するようになった。マニュアルのレバー（写真下）は4速マンシー・ボックス用。

例によってケルシー・ヘイズ製のスチールホイールには楕円のスロットが5個開いている。スチール製"ラリー"ホイールを採用したのはこの年が初めてで、以降1968年には幅が7in(177.8mm)に、69年には8in(203.2mm)になっていくが、標準ホイールとして1982年まで使われ続けた。1967年の"ラリー"ホイールは必ずメタリックシルバーに塗装され、1963年から67年のホイールのなかで唯一コードが打刻されていた（この場合はDC）。機能と目的に忠実に造られたこのホイールは傑作と呼ばれるようになる。センターキャップがつくのはこの年だけで、"Chevrolet Motor Division – Disc Brakes"の文字が入った。ちなみにこれ以外のシボレーでも同じキャップを用いたが、"Disc Brakes"の文字がない。

リムのサイズは1/2in(12.7mm)拡大したが、タイアサイズは7.75×15で変わりはなかった。オリジナルのタイアは大手5社が全て供給した。以下に列挙する。ファイアストーン・デラックス・チャンピオン、B.F.グッドリッチ・シルバータウン、ユニロイヤル・ラレード、ジェネラル・ジェットエア、グッドイヤー・パワー・クッション。ホワイトリボンタイアが欲しければ、オプションP92で注文できるのも以前と同じだ。オプションのT01ゴールドライン・タイアはリストから落とされ、代わりにQB1レッドラインタイアが登場した。ボディカラーとマッチすれば素晴らしいタイアで、いまでも複製品が手に入る。レッドラインタイアはファイアストーンとユニロイヤルのみが造った。なお赤いラインは約3/8in(9.5mm)幅だ。

オプションのクイックテイクオフ・アルミホイールは、常識的なN89ボルトオン・アルミホイールに取って代わられた。スピナーの代わりに"スターバースト"カバーがつき、見事に現代化に成功した。従来のスピナーは安全上の理由で連邦政府により禁止された。"スターバースト"カバーをはずすにはドライバーが必要で、従来N89ツールキットに含まれていたハンマーに代わってドライバーが備わった。スペアホイールがアルミ製なのは従来通りだ。

サスペンションとステアリング

今や安全性がデトロイトでは重要課題になった。重要かつ新しい安全装備は衝撃吸収式ステアリングコラムだ。クラッシュテストの結果、ドライバーの胸部めがけて押し出されるステアリングコラムが負傷の主な原因であると判明したからだ。

新しいコラプシブルステアリングコラムは、標準型でもテレスコピックに調整のきくタイプでも取りつけられた。テレスコピックコラムはオプションで、その調整リングにはレバーが1本ついており、ホーンボタン背後から突き出ていた。なお標準型であれオプションN36アジャスタブルコラムであれホーンボタンは同一パーツを共用していた。

ブレーキ

1967年、ブレーキキャリパーの構造を簡略化するため大きな変更が加えられた。各々のピストン面にボルト留めされていた、硬質プラスチック製のインシュレーターは必要なしと判断され、廃止になった。さらに各々のピストン背面に機械加工されたガイドが、それぞれのピストンボアのボトム部に相当する箇所にあるソケットに噛み合わされていたのだが、これも廃止になり、その結果ボアの底は全面平らに機械加工された。これでパッドの装着方法が適切でないとピストンが捩じれて、シールが歪み、キャリパーからオイルが漏れるなどの危険性が生まれたが、総合的に見て構造を簡略化するほうが改善に繋がると判断された。

これらの変更はヘビーデューティーなJ56フロントパッドには施されなかった。サーキットではインシュレーターは有利に働いたし、強固に位置決めしたピストンが必須だったからだ。

ORIGINAL CORVETTE 1963-1967

1963年型クーペをレストアする

コーヴェットのレストアブームに火がついたのは70年中盤だった。当時、古いコーヴェットの修復には格別な魅力があった。70年代中頃のモデルは10年前のモデルと比べてちっともよい車ではない、これは特に愛好家でなくても明らかな事実だった。75年型のシャシー、ブレーキ、エンジンは65年型とまったく同じなのに、それよりスピードは出なかったし、重くて快適ではなく燃費も悪かった。タイヤだけは大きくなったが、その割にハンドリングは全然冴えなかった。決してシボレーがさぼっていたのではない。厳しい排ガス規制と耐衝突性能基準を満たすため、ひたすら時間と資金をつぎこんでいたのだ。なるほどC3スティングレイは惚れ惚れするようなスタイルをしていたが、先代のC2スティング・レイと比べて相応に進歩してはおらず、依然期待に応える出来ではなかった。

それから5年後、メーカーは連邦基準を満たした上で魅力のある車造りができるようになった。1980年のコーヴェットは室内も広々として快適だった。1985年型ははるかにスピードが出るようになり、快適で燃費もハンドリングもずっと向上した。これに伴いレストアのビジネスも急速に成長していった。新しいC4コーヴェットが、古いコーヴェットへの興味をかき立てるような車であったことも、急成長に拍車をかけた。以降年を重ねるごとに優れた車になっていくのだが、最近のモデルではいささか電子部品が複雑になり過ぎたきらいがある。修復が難しいのではという昔からの愛好家の心配とは裏腹に、PCとマックで育った新世代の愛好家はさっさとダイアコムにコネクトして、複雑な配線を詳細に調べていた。ダイアコムとはGM車を主な対象とした、車載コンピューターを診断するソフトウェアである。彼ら若い世代は最新の車を前に途方に暮れたりしていない。世代間の電子部品に対する見方の違いを一旦置くとして、1963〜67年のスティング・レイはメカニズムがだれでもいじれる程度に単純で、しかも目も覚めるような走りぶりを示すという、ちょうどいい所をついた車である。

コーヴェットには、分離できるグラスファイバー製ボディという大きな利点がある。マスタングやフェラーリなどスチール製ボディが必ず出くわす大きな問題が腐食だ。修復するには間違いなく大金が掛かり、さらにレストアが完了した以降も、腐食に終わりはないのだから始末に困る。

スチール製モノコックの場合はボディだけを分離させることはできないが、1953年から1982年の30年間に造られたコーヴェットは例外なくボディを分離できる。ボディにストレスがかからない設計だから、シャシーはすこぶる頑丈な造りで耐久性に富む。ボディを降ろしての修復作業中でも、ホイールさえついていれば転がすことができて都合がよい。エンジンを載せ、排気系を取りつけ、事前に適切な手筈を整えていれば、試運転だってできない相談ではない。

コーヴェットに使われるグラスファイバーの品質は秀逸だ。雄雌の型の間で加圧成形されているので、まずもって型崩れがない。戸外に置かれ、直射日光に晒され、霜や雨に打たれようと大丈夫だ。しかしフレームは腐食する。腐食は大抵リアから始まるが、その時には部分毎に分割された修復用フレームを買えばよい。オリジナリティを若干犠牲にして、フレームを丸ごと新品に交換する手もある。

オリジナリティこそ今日のレストアラーに共通する目標だが、その解釈は様々だ。本書のために撮影されたコーヴェットは例外なく、National Corvette Restorers Society (NCRS)の経験を積んだメンバーによってレストアされた。NCRSの審査基準に沿った審査に値する車を展示するのが、同ソサエティーの目的だ。その審査基準を以下に引用しよう。「車両はGMのシボレー・ディビジョンによって最終的に組み立てられた時点および場所における外観を基準にして、諸装備を備えた状態にて審査されることとする。審査に際しては、購入者に納車するためその時点にて施行されていた標準的なシボレー・ディーラー・ニューカー・プレパレーションを受けたに等しい状態にて展示されることとする。ディーラーおよび購入者の恣意による追加品目、削除品目、変更品目があってはならない」

これは実に入念に考えられた定義だ。この定義の通りに作業をやり遂げれば、修復なったコーヴェットは35年前のあの忘れがたい姿そのものになるはずだ。新品のビニールの匂い、降ろしたての327が奏でる小気味よいエンジン音、熱したアスファルトの上で深いトレッドパターンのレーヨンコード・ホワイトリボンタイヤがハミングしている。私たちは皆こんな夢を抱いている。

この夢を実現するには大金が掛かるが、NCRSはこれ以外の考え方も尊重しており、公認イベントまで自走してきた距離に対してとか、自走距離そのものに対しても得点を与えている。修復を受けずにオリジナルのまま今日まで生き長らえた車に対する採点基準もあり、NCRSはいたずらにレストアを奨励しているわけではない。

車の主要部分を審査するにあたって、得点は概ねオリジナリティとコンディションに等分に与えられる。私などもその一人なのだが、懐の事情ゆえ、表面に錆が浮いたボルト、小さな凹みのついたマニフォールド、使い古したブラケットの類を残らず新品に代える余裕のないオーナーであっても、オ

筆者の手元に届けられたときの1963年型2分割リアウィンドーのクーペ。あまり先行きが明るいようには見えなかった。ボディが製作されたのは1963年4月。ミッドイヤーをリビルドするときには少なくとも1台レストアしていないオリジナルがあると比較のため役に立つ。

RESTORATION

前のオーナーは10年前にレストアに手を着けたが、塗装を剥がしたところで諦めてしまった。メーカーで施したグラスファイバーのつなぎ目がはっきりとわかる。

有名なリアウィンドー。ガラスの製造年月日は車の製造時から判断して正しく、オリジナルだ。ドライバー側ピラーのスチール製バードケージの錆はひどい。

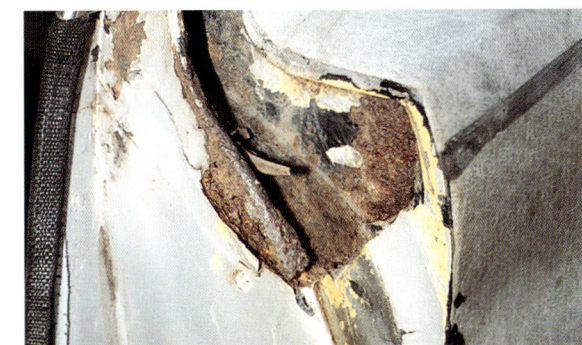

"サドル"の室内色は黒に染められてしまっていたが、部品は全てオリジナルが揃っていた。半信半疑で試したところパワーウィンドーはちゃんと作動した。パワーブレーキブースターと排気マニフォールドはオリジナルが残っていた。300HPエンジンにリブの入ったバルブカバーはノンオリジナル。スワップミートで正しい交換部品を見つけた。

J65焼結メタリックブレーキライニングは錆のためシューから脱落していた。コーヴェットではシャシーの左、リアトレーリングアームのピボット部分が特に腐食しやすい。写真で見るかぎり腐食は表面のみに留まっている。

オリジナルのスチールホイール。1963年2月製。ブラスト処理を施し入念に塗装したところ見事によみがえった。
右ヘッドライトベゼルは腐食がひどく、交換するしかなかった。

ORIGINAL CORVETTE 1963-1967

リジナリティの点からは最高点を獲得するチャンスがある。

レストアを施してはならないコーヴェットというのも現実にたくさんある。年をとるというのはそれ自体自然で美しい流れだ。例えば幾世代にわたって使われつづけた机には使いこまれた道具だけが持つ風格が備わっているはずだ。そういう机を新品同様の状態に修復するのはかけがえのない価値を永遠になくしてしまうに等しい。一つ家族のもとで何年も過ごしたり、あるいは持ち主こそ変わっても同じ町に何年も住み着いてお馴染みになった、スタッツ・ロードスターやヴィンティッジ・ベントレーにも同じことが当てはまる。そうした車には独特の風格がある。ペブル・ビーチ流のレストアでは認められなくても、オーナーはオリジナリティの価値を充分わきまえている。

少量生産車でこそないが、走らせての楽しさにかけては、1963年から67年のスティング・レイはスタッツやベントレーに決して引けは取らないし、それに劣らぬ敬意を受けて然るべき名車だ。ひどく改造された車やだれも顧みない車を選んで、そいつを最優秀賞のウィナーに仕立て上げるのもやりがいのある仕事だが、オリジナリティが高く、よくメンテナンスされた車にあえてそうした賞狙いのレストアを施すのはもったいない場合がある。

1974年に創設されて以来、NCRSの影響力がここまで大きくなる前は、コンクール参加者はオリジナリティなどほとんど注意を払わなかった。高得点を狙うスティング・レイはフロントバンパーをはずし、幅広クロムホイールを履き、ボンネット裏のパネルにステンレスを張り、べったりとクロムメッキしたエンジンをそこに映し出す。室内は古典家具調に多数のボタンでアクセントをつけたりと、個人の趣味が色濃く出ていた。カスタムカーのショーは依然として盛んだが、今ではずっと健全な方向に向いている。

本章の主役である1963年コーヴェットは、15年以上にわたってイギリスでも最も雨の多い地方の、扉のない納屋に仕舞われていた。過去のある時点で"サドル"色の室内は黒に染められてしまった。だがL75 300HPエンジンは載せ換えられたのではないオリジナルで、スパークプラグ穴を通じてオイルで満たされていたおかげで保存状態は悪くなかった。機械部品の大半は取り外された上で梱包され、ナット、ボルト、ワッシャーの類はほぼそのまま残っていたのは助かった。もっともどれもひどく腐食していたが、このクーペは仕舞い込まれる少し前に修復作業に手が着けられており、ボディの塗装と下地塗装は剥離してあった。左フロントフェンダーに若干のダメージがあるのが明らかになった。しかしホイールオープニングはオリジナルのままで、痛めつけられた跡はなかった。つまり20年前のワイドホイールの大ブームから逃れていたのだ。

件の納屋は車を一台収容するほどには大きくなく、10年もの間、フロント部分が30cmほど外に突き出したままだった。自然の脅威から護ってくれる塗装のないまま、その部分のグラスファイバーは柔らかな繊維に変わり果てていた。ガラス繊維は残っていたが、樹脂は跡形もなくなっていた。折よく"ニュー・オールド・ストック"(NOS)トップパネルが見つかったので購入した。またソサエティのメンバーの一人が私たちのレストアプロジェクトを耳にして、長年仕舞い込んでいた63年専用のグラスファイバー製ヘッドライトポッドを譲ってくれた。

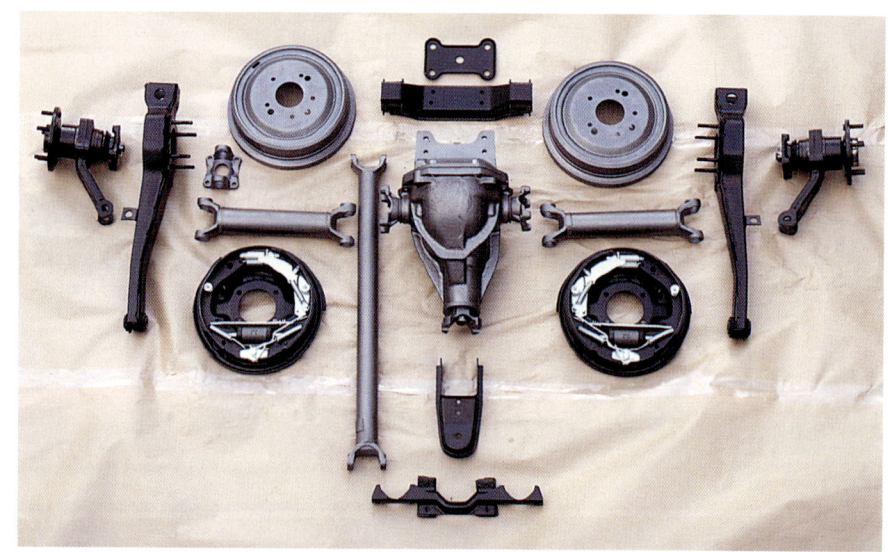

この車の作業を始める前に、私たちはあらゆる細部を写真に撮り、作業計画を検討した。

取り外したパーツを仕舞えるだけの袋、箱、保管場所を確保したうえで、解体作業に取りかかった。作業が進むごとに写真を撮り記録を取った。ボディとシャシーの連結部は全てはずした。癒着した部品を分離するための液体にあらかじめ浸しておいて、メインボディボルトを最後にはずした。ボディを吊り上げる際、おのおのの位置のシムの数を間違いのないように数え記録に取った。それからボディを自前のボディ用台車に載せた。モールと装飾品をくまなく取り去ると、ボディを台車に載せた状態でダンプトラックの荷台にしっかりと固定し、ボディ専門工場に送った。この段階でモールとガラス類は一つ残らず入念に保管した。

63年型のサスペンションとブレーキコンポーネント。フロント(上)とリア(下)。ブラストをかけたあと、各パーツは耐久性を念頭に、取りつけ位置により亜鉛メッキかエポキシ系の塗料のどちらか相応しいほうで仕上げた。

RESTORATION

鋳造ナンバー3782870ブロックを.020inオーバーサイズピストン用にボアアップしているところ。シボレーのスモールブロックは時代を通じて広く用いられた自動車用エンジンで6100万基以上が製作された。パーツは安くふんだんに手に入る。

バランス取りのマシーンに据えられたクランクシャフト。グラインダーをかけられたばかりだ。1963年当時327は素晴らしくスムーズなエンジンで、35年を経た現在でもその美点は生きつづけている。

解体に手を着ける前にローリングシャシーを詳細に写真に撮り、その後も作業の各段階で写真を撮り、ラベルを貼っていった。そうしてエンジンとトランスミッションを降ろす。洗浄、クロームメッキ、修理、再塗装、再メッキ、交換が必要な部品はくまなく分解した。最後の交換が一番厄介だった。どこまで交換するのか、それが問題なのだ。

この63年型くらい傷みがひどいと、新車状態にもどすには、車についているパーツほとんど全てを新品に交換することを要する。表面の腐食によりフレームには細かい窪みができている。ドライブシャフト、デフ、サスペンションアーム、ブレーキドラムの外側、エグゾーストマニフォールドにも窪みができている。それを言えば何百というアダプター、ブラケット、ブレース、カプリング、フランジ、ハンガー、ハウジング、スペーサー然り、さらに何千というオリジナルのボルト然りだ。

こうした部品の問題が起こるのは、実用耐用年数が5年から7年に設定されているためだ。そんなわけで上に述べたような外からは見えない主要部品はほとんど保護コーティングを施されていない。GMに言わせればこんな部分に金をかける理由がないのだ。その意味ではフェラーリも、ジャガーも、あるいはロールス・ロイスも大して変わりはない。表面塗装をしっかり定着させるための下地塗装もされないまま、フレームは半艶消しの黒でぞんざいに塗られる。ランニングギアはほとんど無塗装だ。NCRSの審査マニュアルをひもといてみるとよい。そこにはこう書いてある。ドライブシャフトは"自然な仕上がりの押し出し成形スチール製チューブで、自然な仕上がりの鍛造スチールヨークに溶接してある。(中略)溶接部のビードは熱のためわずかに色が変わっている"。一方私たちの車ではその部分にびっしりと錆が浮いていた。GMはもう新品の63年型ドライブシャフトを売っていないから、熱心なレストアラーは程度のよい中古のシャフトを買ってきて、ヨークの形に合うように切断加工をする。こうすれば見た目はオリジナルそっくりなドライブシャフトができあがる。さらに凝りたければ熱を加えて青みがかった色に仕上げてもよい。その状態を保つため薄くオイルを塗っておく。私たちの懐具合はこんな贅沢を許さなかったので、オリジナルをサンドブラストした上で塗装した。

同様に、鋳鉄製デフケースも"鋳物本来の黒に近い自然な色"に仕上がっているのがオリジナルだ。イギリスでは凍結防止のため道路に塩をまくので、私たちの車では腐食してケースに10箇所あまり、深さ3mm位のクレーターができていた。しかし内部機構は完璧で、ケースを塗装剥離したあと、サンドブラストをかけ、2液混合の塗料を塗ったら、まずまず自然に近い色に仕上がった。それからアクスルの専門店で買ってきた新品のベアリングとシールを用いてリビルドした。

取りつけ位置によってアダプター、ブラケット、ブレースはブラストをかけたあと、暗い銀色か黒に塗装する。あるいはボルトとナットをすべてつけた状態で、亜鉛メッキをするため専門工場に送る。ひどく錆びたボルトとナットを仕上げるのに、素晴らしく効果的でかつ金のかからない方法だ。しかも雨の多い地方で日常的に使っても充分耐えうる仕上がりになる。必要なら亜鉛メッキを施したパーツの一部をもう一度染色して、カドミウムないしは重クロム酸塩独特の色合いを出す手もある。ちなみにカドミウムメッキは人体に悪影響があるため現在は禁止されている。

私たちの場合、フレーム、サスペンション・アーム、ホイールその他の主要部品は専門工場に送ってサンドブラストをかけ、そのすぐあとに自己浸食性のあるエポキシ系塗料で塗装してもらった。フレームの表面には腐食のせいで細かい窪みができており、とても新品のように修復できそうになかった。しかしこれはあくまでもオリジナル部品であり、リアレーリングアームがピボットとするキックアップ部の腐食はさほどひどくなかった。1963～82年コーヴェットでは路面にまかれた塩ゆえにこの部分はひどく錆びやすいのだ。修理用に部分毎に分割されたフレームを買うこともできるし、リアフレームセクションを丸ごと継ぎ足す手もある。私たちの車では左側レールの上部表面2箇所に、オリジナルのフレームナンバーがはっきりと見て取れた。仮に私たちがコンクール

ORIGINAL CORVETTE 1963-1967

出展用にレストアをしていたとしても、新しいフレームに丸ごと交換したところで問題はなかったはずだ。これらのナンバーはボディを架装すると見えなくなってしまうからだ。

　上に述べたパーツは、ケミカル剤でも熱処理でも塗装剥離ができるが、私たちはサンドブラスト方式を選んだ。一つには工場がそばにあって作業が早かったからだが、もっと大切な理由がある。この方法ならまだ使える良い状態にあるアッパーボールジョイントとオリジナルのラバーブッシュを傷めずにすみ、オリジナリティも保てる。私たちのよりもっと状態のよいフレーム、例えばオリジナルの塗装がまだ残っているような場合なら、ケミカル剤か熱処理の方が相応しいかもしれない。オリジナル塗料の代わりに、パウダーコーティングという現代的な処理を施せば、耐久性も充分だ。同コーティングには実にさまざまな色が用意されているが、コンクールの審査では減点の対象になる。

　オリジナルのホイールは腐食していたが、ブラストをかけて下地塗装を施したあと、黒の艶あり塗料をたっぷり塗ったところ、チューブレスタイヤを履いても空気が漏れないほど充分な厚みの塗装面ができた。63年型でホワイトリボンタイヤを組み合わせる場合、ホイールの色は黒が正しい。フレームが工場から戻ってきて、サスペンションとスプリングを組み直したあと205/75×15ホワイトリボン・ラジアルを装着した。これで車を移動させたり向きを変えたりできるようになった。それまではワークショップの真ん中にでんと居座り実に作業しづらかったのだ。

　私たちは現代のラジアルタイヤを装着した。ダントフ、ミッチェル、シノダ各氏が意図したように、この車はもともと長距離を高速で走るために造られたのだから。コニのダンパーをつけたのも同じ理由からだ。復動式、ガス封入式なのはオリジナルと共通だが、減衰力の調整がきくというメリットがある。ヨーロッパの道路は舗装がよくないから、これに合わせて細かく調整ができる。

　分解したところ、オリジナルのJ65焼結合金ブレーキライニングは錆びてシューからはずれ、ドラムのなかに転がっていた。シューには現代のアスベストを含まない一般的なライニングをつけなおした。同じく亜鉛メッキのメカニズムも新しくし、シリンダーとスプリングも新品に交換した。ブレーキパイプとパーキングブレーキはステンレス製の交換部品を購入して、正規のクリップで固定した。このライニングは焼結した鉄製なのだが、強い磁性があるのはおもしろい発見だった。

　L75 327/300HPエンジンをシャシーから降ろし、各部の寸法を測る。以前に分解した経歴はなく、長年のあいだエンジンオイルで満たしてあったから、状態はとてもよかった。エンジンはマシーンショップに送った。ケミカル剤に浸して塗装を剥離し、錆を取り、オイル通路内部に凝着したスラッジを溶かし、冷却ジャケット内にできた酸化物の皮膜を取った。つぎに氷点下、凍結によって生じたごく細い亀裂を入念にチェックし、ボアを0.020in（0.5mm）拡大する。オリジナルでパーツナンバーも正しいクランクシャフトに、0.010/0.010in（0.25mm）のグラインドをかけ研磨した。バルブ角を3方向からチェックする。シリンダーヘッドの表面をごく薄く磨く。オリジナルの打刻がなされたシリンダーブロックには余計な手を加えようなんて考えるだけでもいけない、私たちのために作業してくれた機械加工の職人は、そこのところをよくわかっている人物だった。

　調子のよい327は、スモールブロック・シェビーのなかでも最も滑らかな回り方をするエンジンだ。だから私たちは例のギアシフトの共振音を防ぐためにも、このユニットをできるだけスムーズに回るようにしたかった。そんなわけでコン

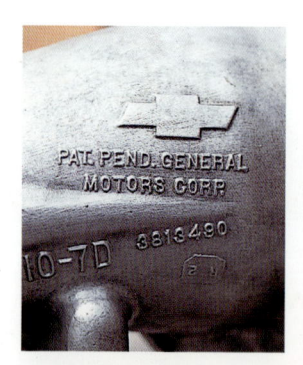

ワーナー製T-10 4速の詳細を見る。シボレーの"蝶ネクタイ"ロゴがリアケースに見える（左）。メインケースには鋳造ナンバーとともに、美しいローマン体活字で浮き彫りにされたGMの文字が見える（右）。

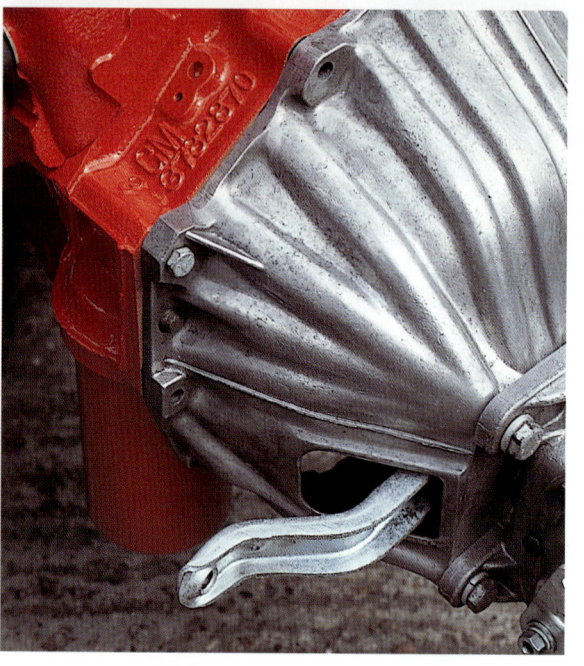

63年型のユニークなクラッチフォーク（左）。"CB"の打刻がデフにある（上）ということは、高速走行が楽な3.36：1の減速比がついている。ポジトラクションの製造は1963年3月1日。

ラジエターのコアサポートは、フロントパネルが段差なく接合するための大切な要素だ。写真ではネジ山の切られたバーを用いて、シャシーとサポートが一直線上に揃うよう、細心の注意を払ってチェックしている。この作業が完了して初めてボディを架装する。

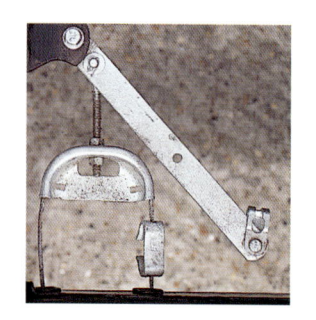

亜鉛メッキがパーキングブレーキのパーツを腐食から守った。

RESTORATION

リビルドが完成したシャシー。ボディを落としこむ当日に撮影。このクーペが完成したら一般道路を何の気兼ねなく走り回るつもりだったので、オリジナリティには目をつぶって、コニ製のダンパーと205/75×15のホワイトリボンラジアルはどうしても避けて通れない選択だった。

ロッドは元のものをそのまま使い、それに新品のロッドベアリング、ピストン、リングとを組み合わせた。フライホイールは研磨しなおし、クラッチカバーは純正の新品をつけた。その状態でクランクシャフトのバランス取りをした。エンジンのリビルドにあたって、ガスケット、シール、フリーズプラグ、タイミングチェーン、ギアの類は新品に交換した一方、ボルトは概ねもとからあったものを使用した。ちなみに塗装はしなかった。なにしろシリンダーケースには、フリント工場でクレヨンで記されたオリジナルの頭文字"RD"がそのまま残っていたのだから。カムシャフトは無傷だったのでそのまま使い、新品のタペットと組み合わせてみることにした。エンジンのオリジナルな感触をできるかぎり残したかったのだ。仮に後になって、やはりカムを交換せざるをえないとわかってもそう大事にはならない。ラジエターとシュラウド、ウォーターポンプ、タイミングカバー、吸入マニフォールドを脱着すればよい。エンジンは作業がほぼ完了という時まで"シェビーオレンジ"に塗装しなかった。オリジナルと同じやり方だ。

ここでボディショップに話を戻そう。一品製作のフロントトップパネルとフロントパネルは、インナーフェンダーを含めて全てオリジナルボディに取りつけるばかりになっていた。傷んだパネルの代わりに装着するのだ。パネル間のチリ合わせを完璧にするため、パネルはボディがフレームに載った状態で取りつける必要があった。そこでフレームとサスペンションを、ボディの固定位置を除いてぴっちりと薄い透明フィルムで包みこんだうえで、ボディショップに送りこんだ。そこでボディは暫定的にシャシーへと落としこまれる。オリジナルのラジエターサポートは腐食が進んでもう使えなかったので、忠実な複製品を手に入れた。インナーフェンダーを介してフロントボディを支持するのは、主としてラジエターなのだ。先程書いたようにインナーフェンダーも新しく造りな

おした。横方向にシャープな輪郭を描いたスタイルゆえ、フロントボディ形状がおかしいとものすごく目立つ。どんぴしゃりにフィットするよう、私たちはオリジナル状態をよく保った別の63年型を一台借りてきて、作業を進めるたびにこれをお手本とした。

接着剤が硬化すると、ボディにサンディングをかけて滑らかにした。スタイリングは完璧にオリジナルと同じという見極めがついた段階で、ボディをもう一度フレームからはずし、私たちの作業場に送り返した。透明フィルムをはがし、ボディショップでついたごく細かいほこりを残らず取り除く。エンジンが完成し、クラッチ、ベルハウジング、トランスミッションと一体化した。そうして各所定位置に落とし込み、ボルトにて固定した。燃料タンク、燃料パイプ、排気系、マフラーをつなぐ。工場でやっていたのと同じようにボディのシムを指定位置にテープで留めた。

ボディを再びボディ用台車のうえに戻し、シーリングを施して下地塗装を塗った。2、3日かけて乾かしたのち、待ち焦がれたボディカラーの塗装に移った。ベースコーティングとして"デイトナ・ブルー"を選んだ。これを塗って2時間以内にクリアコーティングを塗って仕上げる。工場での工程とできるだけ同じにやりたかったので、ボンネットを所定の位置に乗せ、ヘッドライトはピボットを中心に自由に回転できる状態に取りつけ、ロワーリアパネルは2本のボルトでぶらぶらに仮留めした。この段階でこのパネルをボディに固定するわけにはいかないので、セントルイスではボディをフレームに落とし込むまで取りつけない。メタリック塗装の場合、ヘッドライトを始めとするパネルは所定の位置に据えつけた状態で塗装するのが肝要だ。そうしないと金属粒子がとんでもない方向に流れてしまい、隣のパネルとの間で色合いに濃淡ができてしまうのだ。

フェンダーとボンネット裏は黒で塗りつぶす。ほんのちょ

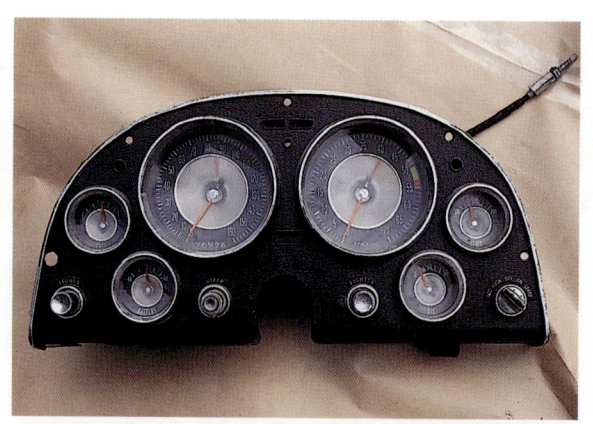

ORIGINAL CORVETTE 1963-1967

このクーペの室内色を、オリジナルの"サドル"に戻すための作業第一段階。ワイアハーネスはアッセンブリーで新品に交換した。

計器クラスター。300HP L75エンジンではタコメーターの5300rpmの所にレッドラインが引いてあるのがわかる。

数か月にわたる入念な修理と準備作業のすえ、グラスファイバー製ボディに下地塗装を施す用意が整った。

っぴりアンダーボディにスプレーを吹きこぼすと、いかにも工場でのオリジナル仕上げといった風情が出る。私たちの車もようやくボディとシャシーを結合する準備が整った。ボディを傷つけないよう、レストアなったローリングシャシーをペイントショップにもう一度持っていった。ここはコーヴェットの伝統的な流儀に正しく従って作業した。ボディを持ち上げ、シャシーに落とし込むのに、仕事が終わったあとの隣人を、熱いお茶とクッキーをご馳走するよと口説いて集まってもらった。8人の大人がボディを持ち上げる一方、3人が正しい位置に落とし込まれているか、目を凝らす。両側に1人ずつ、燃料タンクのそばに1人だ。ボディが被さるとフレーム、リアアクスル、トランスミッションに施した入念な修復作業がことごとく見えなくなってしまい、突然この車はまだ完成からは程遠いなという気分にかられた。しかし少なくとも、ボディの下に潜んでいる素晴らしいメカニズムは写真にたくさん撮ってある。

ボディが収まると車は私たちのワークショップに戻し、装備品の取りつけを始めた。シムの数は全て間違いなくチェックしてある。ボルトの締めつけトルクは35～55lb-ft（4.83～7.59mkg）、リペアマニュアルの指定値通りだ。

シートサイド部のモールはクロームをやり直し、フレームはビードブラストをかけて塗装しなおした。1963年型シートクッションの型を正しく再現した複製品を1組つけて、これらのパーツを内装専門業者の許に送った。"サドル"カラーの革を新しく張るにあたって、形見本となるよう古いシートカバーも一緒に送った。ちなみに"サドル"は1963年唯一のレザーカラーだった。私たちの車の内装コードは490Nだったから、ビニール製"サドル"を張ったインテリアだったはずだが、

ここまで凝った作業をしていながら、室内をビニール張りにする気にはとてもなれなかった。コンクールの審査でオリジナリティに欠けると減点されるより、快適で見た目のよさの方が価値があると考えたのだ。この車をコンクールの世界にデビューさせるつもりなら、200ドルのビニールカバーを1組張ればよく、それなら午前中半日の作業で済んだはずだ。

計器クラスターは表皮をはがし、綺麗にして組み立て直した。時計は新しく自動巻きにした。コンソールカウルを取り外し、新しいサドルカラーに張り替えた。グラブボックスの内張りを張り替え、プラスチック製の蓋はきれいに磨き上げた。私たちの車はワンダーバー製のAMラジオがついていた。オリジナルのAM／FMラジオがオプションになる前に造られた車だったのだ。AM／FMの方が受信性能も原音再生性能もよかったので、修理品を取りつけ、あわせてスピーカーも新しくした。

電気が原因で出火などの事故が起きないよう、また35年も経った配線ゆえ電圧が下がらないよう、この車の正規仕様に従って、ワイアハーネスは丸ごと新品をあつらえた。パワーウィンドー以外全て電装品は標準仕様だ。パワーウィンドーはドアから取り外し、汚れを落として組み立てなおした。古いハーネスは概ね残っており、オリジナルのクリップで固定されていたので、特注の新しいハーネスを正しく取りつけることができた。『Assembly Instruction Manual』と首っ引きで、作業を進めた。

車の製造年から判断して正しい日付が記されているオリジナルの前後ウィンドシールドガラスは、入念に汚れをとり、熟練ガラス工の手により新しいラバーシールを用いてはめこまれた。それまでもミッドイヤーのガラスを何台となく装着

110

RESTORATION

レストアなり、再び元気に走れるようになった63年型クーペの雄姿。オリジナルのボディカラーはデイトナ・ブルー。

してきたこの熟練工の許には、新たに磨きこまれた前後モールを取りつけるための新品のクリップがもれなく揃っている。雨漏りして新しいカーペットとトリムが台無しになる心配は一切ないよ、そう請け合ってくれた。

窓周囲の打ち抜き金属製室内トリム、GMに言わせるとガーニッシュモールディングは"サドルタン"カラーでスプレー塗装したうえで、新しいネジで所定の位置に固定した。この作業の前にヘッドライニングと後部のビニール製ルーフトリムは、新しく張り替えておいた。ぴったりした形状のカーペットを取りつけたところ、見違えるほど見た目がよくなった。オリジナルのアルミ製トランスミッション・トンネルコンソールは、磨き上げたあと取りつけた。古いドアパネルが残っている部分から金属トリムを取り外し、新しい交換品に取りつけ、ドアに装着した。

以前のオーナーの好みで室内色は黒に塗装してあったのだが、これを注意深く剥離すると下からオリジナルの"サドル"カラーのプラスチック製ステアリングホイールが現れた。コラムも取り外した上、正しい"サドル"に塗り直し、新品のロワーベアリングを取り付け組み上げた。ペダルボックスはナイロンブッシュとリターンバンパー(共にGMのパーツリストにまだ載っている)を新しくするだけでよかった。最後にシートを取りつけ、63年型にしかない高さ調整ブラケットを調整した。

外装に目を転じよう。リアのロワーパネル、エグゾーストベゼル、"NOS"前後バンパーのそれぞれが、一分の隙もなくきれいにチリが合うように取りつけるには苦労した。とりわけフロントをうまく合わせるのに手を焼いた。ロッカーパネルは真っ直ぐに伸ばし、磨き上げたうえで、片側7箇所あるブラケットに取りつけた。最後にガソリン注入リッド、新しいグリルとエンブレムをつけると、車の外装はようやく完成した。

次にボンネット下を見る。リビルドしたブレーキブースター、冷却水オーバーフロータンク、新しい電圧制御ボックス、リビルドしたヘッドライトモーター、ホーン、ウィンドシールドウォッシャーボトル、ワイパーモーターを装着、配線した。前後灯火類、フューエルゲージ・センダー、スピードとタコメーターのケーブルを連結する。バッテリーを結線して各回路に正しいヒューズを順に入れていった。

これまでオイルは、ディストリビューターをはずした状態で、オイルポンプを回してエンジン内部を循環させていたが、これでようやくエンジンに火を入れられる。ウォームアップの間にホース、クランプ、数限りない連結部からオイル漏れがないかチェックする。ついに路上に乗り出し、年1回運輸省が定める車検を受けるため、車検場へと自走していく時が来た。

路上を走ったところ、数箇所共振音の出どころをさぐる必要があったが、走りぶりには文句のつけようもない。予想どおりリアスプリングは硬すぎる。次のコンクールが終わったらすぐにグラスファイバー製に変えよう。室内は63年型だけがもつ独特の香りがする。35年前の地元シボレーディーラーに置いてあった車と全く同じ香りだ。

参考文献一覧

これまでにシボレー・コーヴェットに関する著作は膨大な数が出ている。私は下に掲げた書物全てに目を通しており、概ねできのよい順にリストアップした。本書にこめられている情報の大半はこれら優れた書物から収集し、確認したものだ。この場を借りて著者各氏と出版社に厚く御礼申し上げる。

本書『オリジナル・コーヴェット』は、シボレー・コーヴェットの歴史、設計および一般路を走らせるための正しいレストアについて読者の興味をかき立て、ぜひレストアに取り組んでいただきたい、そういう意図を込めて書いた。本書ではコンピューターを駆使した特殊なレストア情報に触れてはいないし、そこまで立ち入る余裕もなかった。これからレストアを始めようという読者はぜひともここにリストした書物の少なくとも数冊は購入することをお勧めする。私はどの本もレストアには必要不可欠と考えている。

NCRSの審査マニュアルはメンバーにしか手に入らないので、NCRSのメンバーになるようお勧めする。連絡先はNational Corvette Restorers Society, 6291 Day Road, Cincinnati, Ohio, 45252-1334。ウェブサイトはwww. NCRS. org。

『Corvette America's Star Spangled Sports Car』
Karl Ludvigsen著　1977年第2版(Automobile Quarterly)　ISBN 0 525 08645 5

最初に出版されたのが1973年。本書はコーヴェットを題材にした最初の文献であり、いまだその内容は群を抜いている。著者は1962年から1967年までGMに在籍した経歴の持ち主で、最初の2年間スティング・レイに深く係わった。

『The Complete Corvette Restoration and Technical Guide—Volume 2, 1963 through 1967』
Noland Adams著(Lowell C. Paddock編集)　1988年第2版(Automobile Quarterly)　ISBN 0 915038 42 0

456ページという大部。調査、照合がきちんとしているだけに記述は正確だ。1963～67年に関しては最も詳しい労作。アダムズは1953～62年のコーヴェットに関しても秀作をものしているが、ここに紹介する本書は長らく待たれたその続編。GMから借り受けた、他では見られない写真と図面を収録している。本書を開いたら最後、読者は1時間は釘付けになってしまうこと請け合いだ。

『The Best of Corvette News 1957-1976』
Karl Ludvigsen編集　1976年(Automobile Quarterly)　ISBN 0 915038 07 2

シボレーが無料で配る、コーヴェット専門の広報誌から秀逸な記事をまとめたもの。656ページにわたる大部だが、きわめて良質な技術情報記事が集まっている。現在から過去を振り返った記述ではないだけに、掲載当時の香りがつよく漂う。

『Corvette Judging Manuals, 1963-1964, 1965, 1966, 1967』(National Corvette Restorers Society)

読者が自分のコーヴェットでNCRSの賞を獲得したいとお考えなら、参考文献として本書の右に出るものはない。判断に迷ったときの最後の拠り所。鋳造ナンバーおよび打刻されたパーツナンバー、レストア済のパーツに施された仕上がりがオリジナル通りかどうか、完璧に答えてくれる。最大規模のクラブメンバーから得た情報だけに、最も広い分野をカバーしている。ひたむきな調査のすえ本書を出版したNCRSメンバーには頭が下がる。

『Chevrolet by the Numbers 1960-1964 および1965-69』Alan L. Colvin著　1996年(Robert Bentley)　ISBN 0 8376 0936 4 および 0 8376 0956 9

4巻1組シリーズのうちの2冊目と3冊目。記述はアカデミックで正確。レイアウトは美しく魅力的。学究肌の文献ながらとても面白く読める。エンジンとトランスミッションの主要なパーツだけでなく、コルヴィンはクランクシャフト、カムシャフト、リアアクスルを始めとする、他ではあまり語られないパーツについても言及している。今となっては用をなさないパーツナンバーではなく鋳造ナンバーのみにしぼって説明をしているのも当を得ている。間違いなく表示価格の10倍の価値あり。

『Corvette an American Legend, Volume 1 1953-1967』Roy D. Query著　1986年(Automobile Quarterly)　ISBN 0 915038 51 X

ブルーミントン・ゴールドサーティフィケートを射止めた車の素晴らしいカラー写真に興味深い本文がつく。レストアをしている読者にとって、詳細な写真は参考になる。そうでない人はレストアをしてみようという気になる。

『Corvette Restoration—State of the Art』
Michael B. Antonick著　1981年(Michael Bruce Associates)　ISBN 0 933534 14 0　Dave Burroughs共著

バローズは辣腕レストアラーにしてブルーミントン・サーティフィケート・ミートの共同創設者。1台の1965年型396コンバーチブルを調査し、レストアした際の記録を辿った素晴らしい著作。バローズはこの車を仕立て上げるのに素晴らしい仕事をした。本人曰く「過去の真実の姿を復元したのであって、自分の好みは一切加えていない」

『Corvette Black Book, 1953-1997』Michael B. Antonick著　1997年(Michael Bruce Associates) ISBN 0 933534 39 6

ポケットサイズのガイドブックにこめられる情報を全て網羅。1978年の初版からいまや12版を重ねる。

『1953-1972 Corvette Pocket Spec Guide』
John Amgwert著　1991年(National Corvette Restorers Society)　ISBN 0 9624667 1 9

お尻のポケットに収まるコンパクト版。スパイラル綴じ。フリーマーケットには必携。重要な鋳造ナンバーと、日付のついた主要部品はもれなくリストしてある。検索はまず機能別、つぎに年次別にできる。

『Corvette Shop Manual 1963 General Motors Corporatoin』(Helm Inc.より再版が手に入る)

GMが自社印刷物に積極的だった時代に出版された文献。素晴らしく簡潔な文体、見事な図版。いますぐ自分の車をチューンアップしたくなる。それから複雑なオーバーホールにも挑戦したくなる。本書を、エレクトリックコントロールモジュールが初めて登場した、1981年以降に出たGMのマニュアルと比べてみるとよい。同年以降のマニュアルできの悪さに愕然とするはずだ。読者が64年と65年版をお持ちなら、1964年ないしは1965年の"Suppplement"も必要だろう。残念ながら1966年にコーヴェット・ショップマニュアルは、全てのモデルを網羅した"Service"と"Overhaul"と題したマニュアルに組みこまれてしまった。2冊1組のこのマニュアルは高価だ。

『Assembly Instruction Manual, 1963, 1964, 1965, 1966, 1967(Mid America Designs)』

1956年から1982年までほとんどの年が揃っている。本書はデトロイトが800km離れたセントルイス組み立て工場に発送した実際の図面を縮尺して、ルーズリーフ形式に複製したもの。コーヴェットを造るのに必要なパーツは、アメリカのあらゆる地域とカナダからこの工場にやって来る。本書は製造責任者が正しい仕様通りに車を組み立てるため、読まなければ仕事にならないインストラクションブックだった。寸法、パネル間の隙間、ボルトのタイプ、ワッシャーとクリップの位置、ケーブルとホースの取り回し等、全て詳細に記してある。スティング・レイをレストアする際には座右の書として欲しい。

『My Years with General Motors』Alfred P. Sloan Jr.著　1963年(Doubleday)

ゼネラルモータース・コーポレーションが今日の姿にいたるまでの経緯、コーヴェットが厳しい競争を生き残れた理由が深い洞察力をもって語られており、魅力的だ。

『Essential Corvette Sting Ray 1963-67』Tom Falconer著　1995年(Bay View Books)　ISBN 1 870 979 62 1

本書『Original Corvette』の姉妹編。一般的な読者層にも受け入れられるように書いたつもりだ。新車当時撮影された魅力的な写真を掲載。まだスティング・レイをお持ちでないなら一読を勧める。